钢结构工业化建造与施工技术丛书

钢结构建筑装饰装修一体化设计与施工
——轻钢龙骨吊顶、架空地板与钢结构整体卫浴系统

张壮南　王春刚　李帼昌　著

中国建筑工业出版社

图书在版编目(CIP)数据

钢结构建筑装饰装修一体化设计与施工：轻钢龙骨吊顶、架空地板与钢结构整体卫浴系统/张壮南，王春刚，李帼昌著. —北京：中国建筑工业出版社，2019.8

（钢结构工业化建造与施工技术丛书）

ISBN 978-7-112-23789-0

Ⅰ.①钢… Ⅱ.①张…②王…③李… Ⅲ.①钢结构-建筑装饰-工程施工 Ⅳ.①TU758.11

中国版本图书馆 CIP 数据核字(2019)第 103820 号

本书系统地介绍了作者近年来在轻钢龙骨吊顶、架空地板以及整体卫浴等钢结构建筑室内装饰装修方面取得的部分研究成果，主要包括：提出了轻钢龙骨的挠度限制，与建筑开间、进深相对应的新型轻钢龙骨加固吊顶参数，加固吊顶的施工工艺流程和相应验收标准；在对架空地板研究中，针对冷弯帽形型钢横梁提出其构造设计尺寸，结合新型横梁综合研究架空地板系统的设计定位方法、施工安装技术、构造要求等标准化方面内容，并在模数化设计方面提出建议；提出适用于装配式钢结构的新型整体卫浴结构方案，采用角钢形成主要受力框架，受力框架与主体结构连接采用螺栓连接。提出标准化构件尺寸和数量表格，标准化结构形式、标准化连接及其平面详图。总结归纳出整体厨卫的设计定位和施工安装方法，整体厨卫的质量验收标准。总结了整体厨卫管线和洁具的施工安装方法、成品保护及注意事项。

本书以促进建筑装修体系一体化发展为目标，内容详实、系统性强，并具有一定的理论性和实用性，可供土木工程专业的高年级本科生、研究生、教师、科研人员和工程技术人员参考。

责任编辑：万　李

责任校对：芦欣甜

钢结构工业化建造与施工技术丛书
钢结构建筑装饰装修一体化设计与施工
——轻钢龙骨吊顶、架空地板与钢结构整体卫浴系统
张壮南　王春刚　李帼昌　著

*

中国建筑工业出版社出版、发行（北京海淀三里河路9号）

各地新华书店、建筑书店经销

北京科地亚盟排版公司制版

廊坊市海涛印刷有限公司印刷

*

开本：787×1092毫米　1/16　印张：11　字数：273千字

2019年9月第一版　2019年9月第一次印刷

定价：**50.00**元

ISBN 978 - 7 - 112 - 23789 - 0

(34106)

前　言

建筑业是国民经济的支柱产业之一，在经济发展中起到重要作用。目前，随着国家绿色建筑行动方案的实施和劳动力成本的增加，钢结构建筑正快速应用于民用和工业建筑领域。一些钢结构企业把钢结构住宅体系设计一体化作为一项重要目标。钢结构建筑工程的设计模式和设计理念，力学性能好，重量轻，强度高，承载能力强，良好的抗震性等优点更加快了钢结构在建筑工程中的应用步伐。轻钢龙骨吊顶、架空地板以及整体卫浴作为钢结构建筑室内装饰装修的一部分，在钢结构建筑室内装修一体化中扮演着重要的角色。

本书提出了新型轻钢龙骨加固吊顶形式。并针对轻钢龙骨进行了挠度试验研究，对比分析了新型轻钢龙骨加固吊顶和轻钢龙骨普通吊顶抗侧向力学性能。对新型轻钢龙骨加固吊顶结构性能进行有限元分析，通过计算轻钢龙骨吊顶主龙骨和副龙骨在不同载荷、不同跨度下的挠度值，提出了轻钢龙骨的挠度限制。并根据不同建筑开间、进深，给出相应可以选择的吊顶参数。借鉴现有轻钢龙骨普通吊顶的施工工艺流程和验收标准，将加固件置于吊顶施工工序之中，提出加固吊顶的施工工艺流程和相应验收标准。

本书提出以冷弯帽形型钢代替常用的方钢管作为架空地板的横梁。首先，针对不同截面尺寸的冷弯帽形型钢和方钢管进行受弯试验，提出冷弯帽形型钢横梁在正常使用范围内的受力性能及参数影响规律。采用有限元程序 ABAQUS 对冷弯帽形型钢梁和方钢管梁静力性能进行分析，得到了其荷载-位移曲线，应力分布规律及受力机理。随后，对实施建筑装修体系的可操作性进行科学分析，并针对冷弯帽形型钢横梁提出其构造设计尺寸。最后，结合新型横梁综合研究架空地板系统的设计定位方法、施工安装技术、构造要求等标准化方面内容，并在模数化设计方面提出建议。通过模数协调得出最优的部件搭配形式，设计出最佳的配套产品，达到模数化设计的目的。

本书提出适用于装配式钢结构的新型整体卫浴结构方案，采用角钢形成主要受力框架，受力框架与主体结构连接采用螺栓连接。针对不同参数，利用 ABAQUS 有限元软件对新型整体卫浴结构进行在多遇地震荷载作用下的弹性分析和在罕遇地震作用下的弹塑性分析。经过分析，给出标准化构件尺寸和数量表格、标准化结构形式、标准化连接及其平面详图。根据整体厨卫的特点，总结归纳出整体厨卫的设计定位和施工安装方法，整体厨卫的质量验收标准。管线和洁具是整体厨卫的关键环节，最后总结了整体厨卫管线和洁具的施工安装方法、成品保护及注意事项。

本书总结了作者近年的研究工作成果，注重前后章节的逻辑性和连贯性，力求将研究方法和研究内容讲解清晰明了，便于读者阅读和理解。全书共分 13 章，系统介绍了加固吊顶、架空地板系统和钢结构整体卫浴受力性能及标准化研究 3 方面的研究成果。第 1 章详细介绍了国内外关于吊顶、架空地板系统和钢结构整体卫浴方面的研究进展，阐述了本书的研究内容。第 2 章对轻钢龙骨吊顶常用形式进行了挠度试验研究。第 3 章对钢结构建筑吊顶轻钢龙骨进行了挠度分析。第 4 章基于 ABAQUS 软件对新型加固吊顶和普通吊顶进行有限元模拟。第5章对钢结构建筑轻钢龙骨吊顶的加固件进行标准化，并根据现有轻钢龙骨吊顶的施工标准，制定钢结构加固吊顶施工标准和验收标准。第6章研究了架空地板构造系统受力性能，并进行了试验。第7章利用有限元软件对架空地板横梁受力性能进行有限元分析。第8章介绍了架空地板系统的设计定位方法与施工安装技术。第9章总结提出了新型钢结构整体卫浴结构方案。第10章利用有限元软件对新型钢结构整体卫浴框架及节点进行了抗震分析。第11章介绍了新型钢结构整体卫浴的标准化情况。第12章详细阐述了整体厨卫的定位施工及质量验收规定。第13章对轻钢龙骨吊顶、架空地板体系以及整体卫浴3方面进行了总结。

本书的研究成果是在国家"十二五"科技支撑计划课题的资助下完成的，在编写过程中参考并引用了已公开发表的文献资料和相关教材与书籍的部分内容，并得到了许多专家和朋友的帮助，在此表示衷心的感谢。

本书是课题组在轻钢龙骨吊顶、架空地板以及整体卫浴等钢结构建筑室内装饰装修方面研究工作的总结。在课题研究中，研究生谭振东、王大川、赵凤凯完成了试验和部分分析工作，鲍小春、杨玥、胡阳协助作者完成了大量数据处理及分析工作，王智松、李杰、陈倩楠、杨怀、李禹东、刘晟恺、石瑞参与了本书的主要编撰工作，他们均对本书的完成作出了重要贡献。作者在此对他们的辛勤劳动和对本书面世所作的贡献表示诚挚的谢意。

由于本书在诸多方面作了改革和探索，同时限于作者水平，书中难免存在不足之处，恳请广大读者批评指正！

目　　录

第1章 绪 论

1.1 研究背景及目的、意义

钢结构建筑是以钢板、钢管、型钢做成的钢柱、H型钢梁为承重骨架，以新型小密度的保温、隔热、高强度的墙体材料为围护结构的现代建筑。钢结构建筑工程崭新的设计模式和设计理念，力学性能好、重量轻、强度高、承载能力强、良好的抗震性等优点更加快了钢结构在建筑工程中的应用步伐。钢结构建筑室内装修一体化在国内外发展迅速，其中吊顶和地板作为室内装饰装修的一部分在装修一体化中扮演着重要角色。装修一体化可以使装修市场更加正规，从而促进整个市场体系有条不紊地发展。在发展中我们始终要坚持可持续发展的战略，在环境保护和节约方面，我们既要做到最好，又要在保持原有的基础上，创新出更多新型材料和新的组合搭配，从而向着效率高、工期短、造价低等方面发展。科学技术是第一生产力，始终坚持走工业化发展的道路，提高装修一体化程度，减少初装修带来的材料浪费、工序复杂等缺点。装修一体化有很出色的发展道路，其省时、省力、省钱，安装及拆卸比较简单方便，并且更加环保，可以走可持续发展的道路，使市场更具有人性化。装修一体化既可以满足质量的要求，又可以按照用户的意愿进行装修设计，从而达到建筑装修人性化的目的，为用户提供更加有选择性、舒适的建筑环境[1]。

在国内针对洗手间和厨房研发的集成式吊顶，凸显了装修一体化中吊顶标准化、模数化和绿色节能的特点，如今集成吊顶的应用方向不但牢牢占据厨房和洗手间的空间，而且可能从这块狭窄的空间内脱离，面向客厅、卧室和工装领域的需求[2]。在国外特别是欧美发达国家，全装修标准化早在20世纪已经提出，其中包括对吊顶进行工业化、模数化和标准化的生产，并且明确规定未装修的住宅禁止出售[3]。因此，基于吊顶受力性能分析，对吊顶构件及吊顶系统的模数化、标准化和绿色节能方向的研究势在必行[4]。吊顶一般由轻钢龙骨和覆面板（顶棚）组成，吊顶结构示意图如图1-1所示。

加固吊顶有利于提高钢结构吊顶整体结构力学性能，虽然国内这方面研究很少，但不可否认的是其有较大的科研价值和经济价值。加固吊顶提高了吊顶整体的刚度、强度和主副龙骨的稳定性。稳定性主要体现在主龙骨和副龙骨的受力性能上，对主龙骨和副龙骨边界条件进行加固，也就是改造相应吊件和挂件的形式保证其受力平衡，提高其抗弯扭能力。对吊顶挠度进行理论计算和试验验证，参考相关轻钢龙骨资料提出挠度限值。对轻钢龙骨吊顶进行模数化和标准化的归纳和总结，在现有轻钢龙骨施工过程提出加固吊顶的施工标准流程，从而有效提高钢结构轻钢龙骨吊顶整体结构力学性能和实际施工生产的效率。

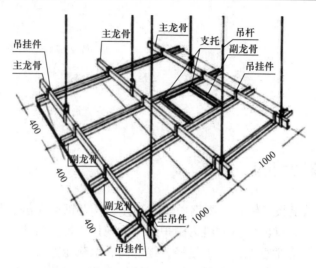

图 1-1　轻钢龙骨吊顶结构

　　架空地板作为钢结构装修一体化的一个分支，实现了装修与结构分离，所有设备管线不必预埋在主体结构中[5]，如图 1-2 所示。此种地板的主要特点是：（1）便利性强，与架空地板横梁连接的支撑系统可以按照使用标准进行调整，不受地面平整度的影响，并且与主体结构接触面小，能够准确地进行调节；（2）施工工序方面更加简单，提高施工效率，缩短施工周期，使地板可以装配式的进行组合；（3）地板下的管道走线更加合理、美观；（4）无保养期，即铺即用[6]。这种地板与地面之间设置了防潮层，因此可以有效地阻止地板因受潮而变形，也同时完全杜绝了因变形而发出的声响[7]。

图 1-2　架空地板整体系统

　　架空地板采用防静电技术，在安全因素方面提供保障，可以确保架空地板在更加合理的环境下发展。近年来由于静电所带来的损害大大增加，后果很严重，已经直接威胁到人身安全。另一方面，静电还会使机器发生故障，如造成电路、电源等毁坏。另外，静电还会给机器的辅助设备带来一些不可避免的损害，例如在屏幕显像的时候，如果有静电的影响，屏幕会出现不清晰的现象。更为关键的是，静电通过人体传导给机器或者电子设备时，会有能量的累积过程。当能量累积到一定程度时，会给人以触电的错觉，进而降低了用户使用的舒适感[8]。

　　本书为了研究架空地板在装修一体化体系中的构造系统受力性能及可操作性，以现有横梁的力学性能为基础，并考虑到功能使用的要求，设计出冷弯帽型钢这种新型横梁截面，冷弯帽型钢有很好的抗弯能力和抗扭能力，并且地板镶嵌入横梁围成的方格内，增加了地板上方有效的使用高度。所选取的冷弯帽型钢横梁，对于其受力性能及受力性能的影响因素不是很清楚，本书针对上述问题进行研究，对新型冷弯帽型钢横梁与方钢横梁进行力学性能分析，通过力学性能分析并针对冷弯帽型钢横梁提出其构造设计尺寸，并结合新型横梁综合研究架空地板系统的设计定位方法、施工安装技术、构造要求等标准化方面内容，并在模数化设计方面提出建议。通过模数协调得出最优的部件搭配形式，设计出最佳的配套产品，达到模数化设计的目的。对于钢结构民用建筑而言，装修一体化在设计初期就充分体现了其系统化、配套化、建造技术工业化的优势，并在设计环节注重产品的可操作性。在架空地板的设计环节，应根据功能上的要求，对架空地板系统进行合理的搭配。目前，关于架空地板系统的研究还不够全面，在构造系统研究、适用性研究、模数化研究等方面并没有采取很多措施，为此对实施建筑装修体系的可操作性进行科学分析。

人们对整体卫浴的重视和喜爱得益于其诸多优势。对于整体卫浴的产品，人们可以根据使用功能及样式自由选择，并且安装操作方便，如同装配式结构的样板间。迄今为止，整体卫浴已经在宾馆、酒店、公寓、度假村、医院等有应用实例，且得到了一定的认可[9][10]。近年来，整体卫浴又得到了较大发展，整体卫浴所具有的便捷性与专业性得到了广大客户的认可，也得到了住房城乡建设部的推广[11]。随着人类生活节奏的加快，人工费、材料费的提高，整体卫浴易于标准化设计和批量生产的巨大优势会越来越多地被体现，将会迎来发展的重要机遇期，其市场前景是不可估量的。此外，在达到业主所期望的卫浴装修过程简单、快捷、经济的同时，如果整体卫浴还能够拥有足够的抵抗侧力作用的能力，其性能将更加完美，所以整体卫浴的结构形式与连接应该引起我们的重视。总之，整体卫浴已经给我们的生活带来了太多的舒适和便捷，未来一定会得到更多的青睐。整体卫浴由外部框架结构和内部组件两部分组成，其中外部框架结构包括顶板、壁板、防水底盘等，内部组件包括内部的水电系统、卫生洁具、五金、灯具等功能产品，它是一种新型的工业化产品的统称[12]。如图 1-3 所示。

图 1-3　整体卫浴

整体卫浴在设计和施工中的问题还很多。首先，卫生间的平面尺寸设计无模数标准，完善的整体卫浴产品还不成熟，这在很大程度上限制了普通住宅整体卫浴的工业化发展。其次，在整体卫浴安装中，各个组件种类、尺寸及其连接没有严格统一的规范和标准可循。再次，近年来人们对钢结构抗震性能的研究不单单包括到了主体结构及其节点连接在地震荷载作用下表现出来的力学性能，更是把研究方向扩展到了维护构件和装修部品上，包括内墙板、外墙板、吊顶、地板、整体厨房、整体卫浴等，其中内装中的整体卫浴连接的抗震性能变得尤其重要。但在钢结构住宅的抗震研究中，还很少有关注到整体卫浴在地震中的表现，更很少有研究整体卫浴的构造和连接形式是否满足其在地震中的强度要求，设计中多数从构造要求安排连接形式，并没有考虑结构的受力特点和力学性能，更没有考虑地震荷载对结构的影响。最后，现在的整体卫浴多数并没有实现与主体结构的连接，其自身的结构强度也根本不能保证与主体结构的连接，所以无法承受冲击荷载或者地震荷载等外力作用，受到侧力作用后极易发生倾覆，而在钢结构建筑中，由于钢结构与混凝土结构的差异，要实现整体卫浴与主体结构的连接，必须要有一种专门可供与钢结构进行连接的整体卫浴结构形式。

根据整体卫浴的使用需求，提出两种新型钢结构整体卫浴，给出具体的结构形式和连接形式，以及连接件的尺寸、数量、材质。模拟分析后给出标准化的尺寸和连接。最后总结整体厨卫的设计定位和施工方法，为装配式钢结构装饰装修一体化提供一些参考，推进钢结构住宅产业化的发展。

1.2　内装部品研究现状

1.2.1　吊顶国内外研究现状

1.2.1.1　吊顶国内研究现状

在吊顶施工方面，国内有较多的论文研究了吊顶施工工程，并阐述了其中的通病与防治。2001年，王长贵[13]以安徽省体育馆改造工程为背景，描述了吊顶从选材到施工的全部过程。该工程与其他工程最大的不同是，在施工的过程中采用了在短向跨度起拱1/200的措施，并提出在大面积吊顶施工中应注意的安全措施。2006年，杨华[14]阐述了矿棉板吊顶材料和施工工具的选择，较为详细地总结了轻钢龙骨矿棉板吊顶施工过程，并对施工质量标准和成品的保护提出了要求。2006年，曹建[15]描述了裂缝在硅酸钙板发生情况，对原因机理进行了阐述，包括硅酸钙板材料属性和施工工艺不正确的影响，最后提出了治理其裂缝通病的若干建议和做法。2006年，彭越文[16]阐述了有关吊顶材料的注意事项，比如：轻钢龙骨和纸面石膏板质量，对纸面石膏板吊顶的施工工艺进行了说明，分析了裂缝在吊顶中产生的原因，充分体现顶棚的形式艺术的同时提出了控制裂缝的有效措施。2010年，史杰[17]对铝合金格栅吊顶的施工工艺方法进行了说明，总结其相关注意问题，包括吊顶的平整性、吊顶的线条走向规整控制和吊顶面与吊顶设备的关系处理，具体阐述了其施工的质量控制标准、安全环保措施，实践证明其具有施工速度快、效率高工程成本低的特点。

2011年，欧阳可立[18]简要介绍了轻钢龙骨纸面石膏板吊顶的施工准备，重点阐述了其施工方法、施工中应注意控制的工艺、常见质量通病及预防措施，其中重点控制工艺为吊顶龙骨必须牢固平整和吊顶面层必须平整，石膏板吊顶质量通病预控有吊顶龙骨拱度不均匀、吊顶面层变形和吊顶面板裂缝。2013年，苏晓爽[19]从选材和施工两个方面阐述了轻钢龙骨石膏板吊顶的质量控制机理。2014年，张中善[20]描述了石材铝蜂窝复合板具有质量轻、强度高和刚度好等优点，与其他吊顶顶棚材料相比，它具有优良的保温隔热性能和卓越的抗冲击性能。以天津美术馆工程为背景，采用具有独创的挂搭式的施工措施，并详细阐述了关键施工技术和施工质量检查标准，包括一般规定和主控项目。2014年，李海洋[21]分析了轻钢龙骨双层纸面石膏板吊顶施工的工艺流程、操作要点、质量保证措施、安全保证措施，对效益应用情况进行了分析，重点在于双面石膏板在施工过程中与普通石膏的区别，其可作为同类型轻钢龙骨双层材料吊顶工程的参考。

吊顶作为室内装饰装修的一部分，在吊顶模数模块化方面也快速跟进，最具代表性的是集成吊顶。集成吊顶起源于铝扣板吊顶，与铝扣板相比突出了吊顶用电器模块化，吊顶模数化和顶棚材质不同，行业规定板材为 $300mm×300mm$ 或者 $300mm×600mm$。集成吊顶由模数化顶棚与不同种类的电器进行标准模数化组合，在集成吊顶支撑下各种模块相互独立，分供暖模块、换气模块和照明模块。模块化对于生产厂商具有实际的经济效益，同时集成吊顶具有安装简单、布置灵活、维修方便、各功能模块可拆分等特点，可采用的安装方法为开放分离式，优点是提升电器组件 3 倍以上的使用寿命。成为卫生间、厨房吊顶的主流，并逐步走出厨卫空间开发出越来越多满足消费者需求的产品，比如：集成家居吊顶、居室吊顶、全房定制吊顶、全质控吊顶、3D 动感吊顶、全屋吊顶、复式吊顶和智能吊顶等等。2003 年中国第一代集成吊顶由浙江大学应放天教授联合奥普浴霸、友邦集成吊顶、赛华集成吊顶等十多家品牌企业共同研发。从 2008 年达艺佳饰材将集成吊顶推向市场开始，集成吊顶就把传统的吊顶电器进行模块化处理，比如：浴霸、照明灯、铝天花和换气扇，其突出的优点满足了市场需求，迅速脱颖而出，产生了全新的集成吊顶行业。

然而，在吊顶加固方面鲜有研究。在《轻钢龙骨吊顶施工工艺标准》QB-CNCEC J030402—2004 中提到"遇观众厅、礼堂、展厅、餐厅等大面积房间采用此类吊顶时，需每隔 12m 在大龙骨上部焊接横卧大龙骨一道，以加强大龙骨侧向稳定性及吊顶整体性"。2013 年，王艳红[22]研究了超高空间轻钢龙骨吊顶施工的施工工艺方法，分析了其在超高空间施工过程中应该注意的质量控制问题，提出了设置钢桁架维持整个吊顶构架整体稳定性的方法，文章在实践中证明采用钢桁架具有较好的经济效益。国内一般的加固吊顶形式，如图 1-4 所示。根

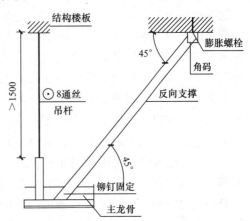

图 1-4 国内现有吊顶加固形式

据《建筑装饰装修工程质量验收规范》GB 50210—2018 第 6.1.11 条的规定，当吊杆长度大于 1.5m 时，应设置反支撑。反支撑的一般做法施工规程上并没有明确，通常做法可根据设计院的计算为 φ12 钢筋、角铁、方钢等与主龙骨相连接。优点是施工简便，缺点是浪费材料、水平受力达不到各向同性。

1.2.1.2 吊顶国外研究现状

国外研究吊顶力学性能主要集中在其抗震方面和整体刚度。1979 年 Clark，W. D. 和 Glogau，O. A.[23]研究在地震的情况下刚性建筑中的传统吊顶一般会出现的问题，并讨论对问题的理论思考和涉及这些地震破坏的证据。2007 年布法罗大学的 Badillo-Almaraz，Hiram[24]研究顶棚发现：（1）固定卡件的使用能够改善吊顶系统性能的损失；（2）在悬浮网格交叉中增加吊顶系统的脆弱性；（3）小（不合适）顶棚比正确安装顶棚更脆弱；（4）受压柱的使用提高了吊顶系统的抗震性能。2008 年，Kawaguchi，Ken'ichi 等[25]描述了 2007 年 Niigata-Chuetsu-Oki 地震过去一周之后，着手在长冈市六大范围内研究非结构构件的损害。在 2004 年 Niigata-Chuetsu 地震中该地区六大范围已经损毁了很多吊顶，并

对其进行了修复工作和改进吊顶性能。其比较两次地震中该六个范围里六种结构的损伤情况和尝试调查两次地震之间做的改进的有效性。2010 年，Gilani，Amir S. J. 等[26]研究过去的地震事件表明，归类为非结构构件的吊顶在地震损伤下有脆弱性。工程师、设计师和制造商都参与确保在地震条件下所有单元能满意地表现。为了解决地震敏感性，美国国家标准和联邦法规指南推荐两种不同的方法。第一个强制执行能力及安装要求和第二个专注于引入基于表现的损伤状态。这些方法的应用需要精确结构分析或者实验抗震鉴定。直到最近，很少有数据能有效地评价所需的设备或损伤状态的充分性。为了解决这个问题，吊顶系统全面的地震实验已经为研究人员和生产商所研究。实验表明，吊顶能够很好地满足规范的要求。在测试过程中唯一观察到的故障是面板的损失。实验数据也被用来构造试样的脆弱性曲线。大的垂直加速度通常没有观察到在该领域把板移动到靠近测试框架的中心。这种反应类型不同于过去的地震勘测报告，因此需要进一步的检查。

2011 年，Gilani，Amir S. J 和 Takhirov，Shakhzod[27]描述了过去的地震中已经显示的吊顶的脆弱性。针对其脆弱性，设计的规范包含了具体的设计和吊顶的安装标准。但是，顶棚生产企业工程师按照需要专注于创新产品，而不是专注于规范。因此，有办法评估这些产品很有必要。因为这些单位很难进行数值分析，地震模拟试验可以用来评估吊顶的抗震性能，其主要描述一个标准规定上限的性能和本身的性能作为基准。测试和评估数据表明按照规范的安装表现有的可以接受。2012 年，Kawaguchi Ken'ichi[28]从 1995 神户地震以来，关注大房间非结构构件破坏的危险性。特别是 2011 年东日本大地震非结构构件带来的危害性。对其做了讨论和分析。2012 年 Watakabe Morimasa 等[29]研究大型吊顶系统的故障在以往地震中的建筑结构的非结构性破坏最广泛的类型。振动试验结果表明在一定的输入水平吊顶的动态特性和顶棚的标本中的将导致大型吊顶连续倒塌损坏一种形式，其主要研究降低了顶棚损坏连接的一种有效方法。2012 年 Takeuchi Toru[30]简要介绍了川崎市的（26m×24m）无窗框大型结构玻璃顶棚，其覆盖在川崎站前地下商场门口，玻璃顶棚由空间桁架组成从 L 形的门开始悬挑。因为这些结构是在一个大地震后建设的，他们精心设计能承受地震的地面最大加速度达到 350cm/s 进而使用最小数量的有效的元素来维持结构的透明度。2011 年 3 月 11 日，东日本大地震袭击该结构，然而该组件包括玻璃面板都没被损坏。2012 年，Magliulo Gennaro 等[31]研究了地震后吊顶系统的故障，由于吊顶系统不同于传统的结构分析，运用振动台试验研究在强震下连续吊顶石膏板的抗震性能。研究测试发现顶棚在全强度水平下没有损伤，证明其低易损性。三个主要的方面可能是这种低易损性的原因：（1）测试顶棚是连续性的；（2）密集的钢铁通道网格支持石膏板吊顶；（3）大量吊杆把吊顶系统连接到屋顶，避免了顶棚的任何垂直运动。

2013 年 Gilani Amir S. J. 等[32]研究表明，在过去的 10 年中，吊顶制造商已经进行了一系列的吊顶地震模拟试验以获得制造商的专有部件和元器件认证数据。这些测试利用比较评价因为没有标准已经开发出来应用地震测试和吊顶的合格证书。虽然足够他们有限的目的，试验用有限的仪器，但试验不能使用任何硬性规定的要求的建筑法规和活力的性能评价。为了处理这些问题，综合实验和评价程序，提出利用静态和地震模拟试验。这项计划的主要目标是开发组件的评价一个严格的程序，并提供了一套方法，使实验数据的规范要求和评估建筑规范设计和安装要求的效力相关联。作为一个案例研究，吊顶系统的一个关键组成部分，然后利用该协议的评价，结果表明，所提出的方法有效地解决了既定目标和评估可以扩展到其他各个部件的吊顶。2014 年，Futatsugi Shuya[33] 阐述了在没有抗震支撑吊顶塌落的过程的试验和分析，以及抗震连接部分的影响。在实验中，顶棚上表现出较高的压缩屈曲应力，但其恢复力有滑型特征。它表现出塌落因素是正在松开的连接部分和螺纹孔的扩张。

日本在吊顶加固方面独树一帜，在日本建筑学院出版的《建筑工程标准试样书·同解说》一书中详细介绍了几种吊顶加固形式。吊杆长于 1.5m 时在吊杆与吊杆之间用焊接的方式连接增强吊顶系统整体刚度[34]；在高低吊顶之间加入支撑，以提高其整体刚度；在顶棚管道多并且无法安装吊点的情况下增加轻钢龙骨数量来提供吊点。

1.2.2　架空地板国内外研究现状

1.2.2.1　架空地板国内研究现状

近年来，我国在产品设计标准化、模数化、适用性等领域做出很多努力。虽然在这些方面开展的还不够完善，但是随着研究的不断深入，产品设计优化将会发展的更加顺畅。在部件化方面，我国现仍以现场施工作为主要方式，未形成装配式一体化的发展模式。在今后的研究中，应着重各个组件的合理搭配，使施工工序更加有序，朝着整体部件化的方向发展[35]。

产品设计、施工工序、安装等方面不够便利，而装修一体化既能够满足可持续发展的模式，又能为市场带来效益。装修一体化涵盖装修的新思想、装修的合理搭配、装修尺度的把握，有效的运用这三个基本思路是装修顺利完成的保证。市场的审美标准在不断提升，经济水平也在飞速发展，所以就更加需要装修一体化市场更加系统化、配套化。从设计初期，在各个程序上就应该充分体现一体化的优势，并加强产品设计在一体化中的可操作性。我国的架空地板生产厂商还主要把方向集中在施工工序和板面材料选择方面。装修材料随着产品设计的优化而不断地发展和完善，逐步实现绿色化。装修材料的样式有很多，质量参差不齐，假货也屡见不鲜。因此，在产品设计初期，就应该考虑装修材料的安全因素，只有这样才能使材料既满足功能要求又符合安全要求。在装修材料中，天然的木制品得到广泛应用，但是其属于易燃品，对生命财产安全造成极大的威胁，因此在使用中要注意防范。另外，很多装修材料中含有有毒气体，例如甲醛、苯等，这类气体在空气中很难及时消去，会对人类的健康带来很大的威胁。

现在市场上常用的主要是全钢型地板[36]，此种地板以难燃的刨花板为基础材料，板面是以装饰板和底层用镀锌板经粘结胶合组成的活动地板，活动地板共有三层，面层采用柔光高压三聚氰胺装饰粘板，中间一层刨花板，底层粘贴一层镀锌钢板，四周侧边采用镀锌钢板包裹并以胶条封边。

架空地板支撑构造系统由地板、横梁、支架等主要部位组成，如图 1-5 所示，横梁和自身高度可调的支架用螺钉连结成稳固的下部支撑系统，地板镶嵌在横梁围成的方格内，表面贴面有 PVC 塑胶贴面、三聚氰胺贴面、HPL 贴面、陶瓷面等[37]，相关辅助配件还有螺钉、吸盘、走线盒等。

架空地板系统的横梁采用方钢轧制而成，分为长横梁和短横梁两种，长横梁规格为 20mm×30mm×1170mm，短横梁规格为 20mm×30mm×570mm，对于那些对承载力有更高要求的场所，其壁厚也会进行相应的定制。目前比较常用的横梁规格为 20mm×

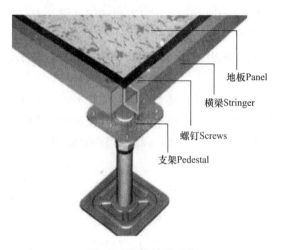

图 1-5 支撑构造系统

30mm×570mm。

支架由上托板、螺杆、锁紧螺母、支撑管和下托板组成。支架一般分为标准支架、加强支架和超强支架，此外，还有两种特殊用途的支架——斜坡支架和收边支架。架空层的高度一般在 100～1000mm 之间，如果架空层内设有管道走线系统，其高度一般在 400mm 以上。标准支架一般为 φ22mm 圆管，加强支架适用于对承载力有更高要求的场所，与标准支架相比，支撑管受力性能有所加强，具有更好的承载效果，支撑管直径通常为 25mm、28mm、32mm。超强支架是在加强支架的基础上进行支撑管受力性能的再次加强，其承载力也更高，支撑管直径有 38mm、45mm、73mm 三种。架空地板的每个支架都是独立可调的，并且与主体结构的接触面较小，由于其自身可微调节的特点，因此它不受地面平整度的影响。支架支撑在现浇水泥混凝土基层上，支架与地板之间采用粘结的接触方式。支架与横梁之间采用螺钉的连接方式，横梁与面板之间采用粘结的方式。由于架空层的存在，人在其上面行走时，往往会有振动的感觉。为了提高行走时的舒适度，支架与面板之间一般设置橡胶软垫等。

1.2.2.2 架空地板国外研究现状

目前，国外很多国家对建筑模数化、标准化进行了很多方面的创新和发展。在满足建筑实用性的前提下，设计出很多符合市场需求的新型空间形式，使装修设计在施工中实现装配式的目的。20 世纪日本的发展很迅猛，首先进入科技迅速发展的时代，其特点也在潜移默化地进行着转变，在原有产品风格的基础上，更加重视灵巧、创新的模式，并逐渐成为建筑设计的核心内容。日本慢慢地进行着转变，开始放弃那些老式、复杂式的装修设计，追求便利性、创新性的发展路线，并在实践中付诸行动。架空地板系统的设计也应遵循便利性的原则，满足更多用户的需求，使走线系统更加合理化。

日本的制造厂商对架空地板的考虑更加全面，在管道走线方面设计得更加合理，并且研发出与之相搭配的产品。另外，在管道走线系统方面上进行着产品优化设计，使用户在使用上更加便利。为满足建筑装修设计的要求以及施工工序的合理进行，在架空地板板面收边环节应该有与之相匹配的连接件，例如坡道、踏步等处应该有特殊的产品设计。在部件一体化中，设计产品的装配不足是其不被采用的重要原因。部件一体化与现场施工有所区别，它要求在施工时每个环节都紧紧相连，但现场施工却无法满足这些要求。产品部件化既简单方便，又能使产品完美搭配，最终达到配套设计的目的。因此，才能充分体现装修一体化的精准、便利[38]。欧美、日本一些国家的产品部件化也经历了一个比较漫长的过程，其设计模式也逐步走上正轨，产品模数化、适应性、标准化等方面也进入了一个工业化时代，他们提出了属于自己的产品设计规范。发达国家的主要部件化体系有：日本BL 建筑住宅部品体系、美国 Uniformat 房屋组合件和系统分类法、欧共体指定 ETAG 建筑产品配套产品包[39]。

　　1995 年，美国 T. C. Hutchinson 等学者[40][41]做了连接方式方面的试验研究，采用螺钉将横梁连接在支架上，收到了较好的效果，于是逐步在世界范围内推广；2002 年，美国 Mehdi Setareh[42][43]等人做了对抗震性能的试验研究，对结构的整体刚度和强度提出了一些建议，采用支柱斜撑构件；2010 年，美国 Alashker[44][45]等人对不同的支撑构件尺寸做了对比试验，在不同荷载作用下采用有限元分析法，利用程序对其进行理论分析，对不同支撑构件尺寸的优缺点作了介绍；日本采用装配式、部件化的产品设计，按标准化、实用性、方便性、工业化等方式对地板进行更加合理的安装拼接。在很多日本的产品设计中，微调节可以更加完善模数化的目的，使模块有序地进行拼接，避免了现场施工过程带来的误差，并且可以对工序中的错误及时进行改正。例如，由于地面的不平整，架空地板的支撑系不够精准，可以通过支架本身所附带的微调节系统在四角进行调整，从而确保架空地板面不受地面误差的影响[46]，如图 1-6 所示。

　　日本是多地震的国家，因此在建筑抗震设计方面非常完善，我们在很多的建筑中可以看到抗震加固设计，架空地板也不例外。一方面，地震会对精密的办公设备带来非常大的危害，因此抗震设计、免震设计在日本得到广泛应用。另一方面，在架空地板体系中增加了抗震设计环节：（1）增加支撑系统斜撑，防止支架倾斜[47]；（2）使架空地板系统与主体结构在空间上分离，形成免震结构[48]。此外，将办公设备与架空地板板面进行固定也可以防止设备的损害。日本的环保、节能意识也在不断地增强，资源再利用环节开展

图 1-6　支柱四角微调节

得很彻底，并且逐渐成为产品设计中的主流，此种方式既能减少资源的浪费，又能通过回收、再加工等手段进行废物利用来降低成本，从而达到了可持续发展的目的。产品设计中的环保意识已经逐渐成为一个亮点，并且由于其强大的优势而受到极大的欢迎，因此在市场中得到广泛的好评[49]。

　　模数化在国外的产品设计中得到了广泛采用，并且作为一个发展目标而被一再重视。其实在产品设计中模数化也已得到一定的认可，业内人士认为其具有一定的发展优势，并且在国外的很多查阅资料中，产品设计者综合考虑模数化的定义，并从不同角度对其进行完善[50-52]。模数化是一种思想方法，在工业中的应用可以追溯到 20 世纪 30 年代[53-55]。国外的专业人士对模数化做出了很多努力，也获得了很多研究收获。但是，这些努力对整个研究工作来说不够系统。目前，对模数化还没有一个公认的权威性定义[56-58]。模数化的目的是使装配式更加合理，能够不断满足市场对标准化、适用性的要求。在许多产品设计中，模数化有着强大的竞争力，它使产品以最合理的搭配方式面向市场。只有这样，才能使产品部件达到最优质量。虽然每个模块在空间上是独立的，但是在拼接与设计时，也要满足其合理搭配的要求[59-62]。在施工现场，如果收边的板面过大，自然会造成拼接的不合理；如果板面留的太小，收边距离过短，也会造成资源的浪费，从而带来施工过程中的不可操作性。模数化的根本目标是提高效率、降低成本，因此生产厂商在面对市场时，就应本着完美装配的目的进行产品设计与生产。

　　在日本、欧美等发达国家，装修一体化市场开发早并且非常完善。在其产品设计中，

注重产品设计的适用性、工业化、标准化，并且能够与施工工序进行很好的结合，从而促使设计与施工完美的搭配，实现装修一体化的产业模式。在国外的生产模式方面，其更注重现场的装配式，并在装修材料方面做出了很大的贡献，建筑装修的新材质、新想法、新概念不断涌现[63]。

1.2.3 整体卫浴的研究与发展现状

1.2.3.1 整体卫浴自身的研究和发展

由于日本相对拥挤的居住条件，所有卫浴设施需要安放在一个 $1\sim2m^2$ 的狭小空间内，于是塑料模压整体卫浴随之出现，其结构的整体性保证在于它的模压底盘技术[64]。在1964年的东京奥运会上，为实现快速建筑高品质的数量大的运动员公寓，日本人在此基础上又研发了能够进行现场装配的整体卫浴。今天，在日本的 SI 集成建筑中，整体卫浴在住宅、医院和宾馆中的使用率已超过了 90％。日本是世界上整体卫浴技术最先进、使用最广泛的国家，但其发展也参照过很多欧洲发达国家的发展思路。

整体卫浴以其简便的安装及人工的节省优势，在欧、美等劳动力较贵的发达国家也具有良好的市场。

整体卫生间的概念首次引入中国时是指一个方形的"小盒子"[65]，通过模具的冲压方法将成型的板材拼装在一起。天津市建筑设计院与天津市第二建筑工程公司合作，在有关部门支持下，于1979年3月在天津市第二建筑工程公司二工区黄纬路工地，完成了盒子卫生间的安装和吊装初步实验[66]。工业化生产装配式盒子卫生间迈出了第一步。1990年前后整体卫浴才大范围被引入中国。2002年5月，建设部住宅产业化促进中心发布了两个装饰装修推荐标准，分别为《商品住宅一次装修到位的实施细则》和《商品住宅装修一次到位材料、部品技术要点》，标准中提出了工业化装修和建筑装饰一体化的技术集成的具体方法，特别对整体卫浴和整体厨房的施工安装做出了总体的要求。

2006年正式颁布的《住宅整体厨房》、《住宅整体卫浴间》行业标准，于2006年10月1日正式开始实施。这两项标准是1999年立项并经历了7年的时间才颁布发行。这两项标准的实施，首先也是重中之重是实现住宅厨房卫生间建筑设计中的平面布局标准化；其次是建筑空间与厨卫配套设备模数协调统一；三是解决管线与接口综合设计的定尺定位问题；四是要求保证厨房卫生间的施工质量，确定厨卫设备配套管线接口的施工误差精度；最后提倡使用安全环保的设备产品。做到彻底实现建筑业和生产制造业的有效衔接[67]，使厨卫产品和家电产品标准化，为制造业提供标准化的建筑安装环境，降低企业生产成本，促进整个产业链的整合与协调发展。同年9月25日，在北京召开的《住宅整体厨房》和《住宅整体卫浴间》两项标准颁布实施的新闻发布会上，海尔住宅设施有限公司与方太厨具有限公司共同获得了"住宅整体厨房标准化设备示范基地"称号，海尔住宅设施有限公司、吉事多卫浴有限公司共同获得了"住宅整体卫浴间标准化设备示范基地"称号[68]，这标志着我国厨卫行业向着工业化和标准化又迈进了一步。

武汉一家陶瓷股份有限公司近几年在整体卫浴产业协作的研发设计体系、工业化要求的部品保障体系、一体化建筑的服务体系三方面做了详细研究，并提出了很多全新的概念。山东大学侯和涛教授和董彦习工程师，针对最近两年提出的热点，保障性住房中整体卫浴的可行性，做了详细的研究。整体卫浴目前在国内使用较多的场所为宾馆酒店、医院、临时性住房和船舶等民用公共设施。伴随着精装修住宅的普及,建筑产业、设计、制造业的标准化,以及国家相继出台低碳环保的政策,整体卫浴实现走进千家万户指日可待[69]。目前我国主要有十多个品牌进行了自主卫浴研发,如海尔卫浴、箭牌卫浴、科勒卫浴、金牌卫浴、澳斯曼卫浴等,但生产规模和销量都有限[70]。

目前我国整体卫浴正处于一个成长期,正在经历一个不断完善的过程和不断发展壮大的阶段。从生产工艺上讲,模压必定会代替传统手糊;从材料选择上讲,随着新材料的产生 SMC 材料具有被取代的趋势;从技术上讲,模压技术还会得到革新。总之没有漫长的积累是不可能生产出高质量的整体卫浴产品的。

1.2.3.2　工业化住宅建造体系与整体卫浴

住宅工业化生产包括主体结构工业化和内装工业化两个部分,内装工业化是指为工业化生产的装配式的整体卫浴的内装部品等,其能够有效提高住宅施工品质和促进工艺的便捷化发展。住宅建筑的主体结构的使用寿命一般长达 100 年以上,但卫生间的墙壁、地面材料、设备和管道的使用寿命一般是 8~20 年[71]。在传统方式的住宅设计和施工中,设备管线被埋在建筑主体中,如墙体或混凝土垫层中,而两者的使用年限并不相同,当管线等预埋设备老化或达到使用年限后很难实现在不损害建筑主体的情况下对其更新改造,这就会大大缩短住宅的使用寿命。

而在绿地百年宅(上海绿地崴廉公馆)项目中,为提高住宅寿命和住宅装修品质,采用了将住宅建筑的结构主体和填充体(管网系统、内部墙体、内装部品等)完全分离的 SI 体系方法进行施工,整体卫浴不可避免地成为项目的标准配置,将整体卫浴作为一个设备来看待,解决结构体系和内装体系寿命不匹配问题,进而延长住宅建筑的寿命,促进了工业化建筑体系的发展[72]。

1.2.3.3　装配式钢结构与整体卫浴

虽然钢筋混凝土结构的应用更为普遍,但钢结构的发展历史更悠久,早在 19 世纪初,人们就已经开始在桥梁与房屋的建造工程中应用到了熟铁,其强大的生命力使钢结构的使用与日俱增。据统计,在美国,由钢结构建造的非居住型低层建筑占总数的 70% 以上,而在全世界已建成的 101 幢超高层建筑中,有 59 幢是纯钢结构,有 16 幢是钢筋混凝土结构,有 27 幢是不同形式钢-混凝土混合结构[73]。在一些特殊用途建筑中,如机场,均采用钢结构来实现快速建筑及大空间的使用。因此钢结构的高速发展必能带动国家经济的高速发展,装配式钢结构作为建筑时代的脊梁必定会成为 21 世纪建筑行业的理想产品[74]。

装配式钢结构住宅体系最早起源于欧美,并在近 30 年得到逐步发展,其技术水平已经十分成熟,后来在日本得到了进一步的研究和开发,它不但改变了传统住宅的结构模式,而且完全取代了三大建筑材料,真正做到了设计标准化。我国装配式钢结构住宅体系的研究起步相对国外较晚,直到 1994 年我国才正式提出了住宅产业化的概念。历经近 20 年的快速发展,已经取得了一定成效,现阶段装配式钢结构住宅体系主要集中在低层轻钢装配式住宅和多、高层轻钢装配式住宅两类。但由于我国钢结构住宅的标准规范化的落后,装配式钢结构住宅产业化没有得到高速发展,其表现出的特点为两高四低:污染程度高,资源消耗高,工业化水平低,劳动生产率低,成套技术集成度低,住宅商品质量低。我国的装配式钢结构住宅产业化目前正处于初步发展阶段。

在装配式钢结构建筑的推广应用中,内装的一体化是其重要内容之一。随着钢结构建筑装修一体化的快速发展，建筑装修一体化开始取代初装修，因为"初装修时期"的开发商为了追求利润，用低廉的产品糊弄购房者，设计、施工粗糙，广大消费者不满意而拆除重装，造成人力、物力等资源的浪费和环境的污染，最后退出房地产历史舞台；"毛坯房"虽给消费者提供了充足的个性化实现空间，但却迫使消费者耗费大量时间、心血和钱财去干专业性强的工程装修工作，结果是失去了个性，浪费严重。因此，一体化装修取代离散化的装修，用科技密集型规模化的工业生产取代劳动密集型的粗放手工业生产，不但能给消费者留下足够的实现个性化设计的空间，还能为建筑装修一体化工程提供高质量、高效率、经济无污染的产品。这是建筑装修业发展的趋势和要求。装配式钢结构建筑要想实现快速的发展，只有工业化这一条路可走，而钢结构装饰装修一体化又是实现钢结构工业化的关键之一。

在钢结构装饰装修一体化中，整体卫浴又以其巨大的优势成为人们重视的对象。传统厨房、卫生间和管道的安装方面远不能满足工业化建筑进展的要求。普通的卫生设备在施工过程中具有安装工作量大、材料费高、质量差、施工工期长等缺点。目前设计的装配式整体卫浴，把绝大多数的工作量从施工现场转移到生产工厂，作为产品（商品）运输到施工现场、经吊装就位再将管道锁头即告竣工。可以与主体工程同时安装、装修完成或提前完成。避免了安装完的卫生设备又被损坏的现象，从而缩短了施工周期，提高劳动效率，因此研制整体卫浴间模数化和标准化就成为了实现钢结构建筑产业化快速发展的重要一环[75]。

整体卫生间在实现模数化和标准化后，便可调节产品生产与建筑施工中的尺寸关系，减少并优化组合件的尺寸和种类。达到设计生产安装等各环节的配合的高效性和经济性。

住宅产业化是我国住宅业发展的必经之路，且有望成为我国经济发展的巨大动力。对于实现住宅产业化，通过采用制作标准化的装配式钢结构最易于实现，且墙体材料采用新型的节能、环保的材料符合我国可持续发展战略方针，因此装配式钢结构住宅的推广必将大大促进住宅产业化的快速发展，提高我国住宅产业的发展水平。装配式钢结构住宅的发展将带动施工行业与制造业的革新，整体卫浴的模数化和标准化又将促进装配式钢结构住宅产业的迅速发展。

1.3　研究内容

1.3.1　加固吊顶

本书采用 ABAQUS 有限元软件分析、理论计算和试验验证的方法，通过试验和理论计算对轻钢龙骨吊顶进行挠度分析，运用有限元软件进行横向受力分析。对吊顶进行标准化和模数化的总结，并提出加固吊顶施工方案。具体研究内容如下：

（1）借鉴国外加固吊顶新形式，提出创新结构形式，对钢结构建筑加固吊顶新形式和普通吊顶进行有限元分析，通过两者在相同尺寸下的静力分析，研究轻钢龙骨加固吊顶和轻钢龙骨普通吊顶抗侧向力学性能。

（2）根据轻钢龙骨规范对现有吊顶用轻钢龙骨 EI 和 EA 进行计算。根据石膏板规范和吊顶实际受荷情况，利用结构力学求解器，计算轻钢龙骨吊顶在不同荷载不同跨度下的挠度值，研究轻钢龙骨在正常使用受荷情况下挠度变化的规律。

（3）根据理论计算情况，制定验证性试验方案。通过试验验证主龙骨跨度在900mm、1200mm、1500mm和1800mm，副龙骨跨度在900mm、1100mm和1200mm情况下，是否有稳定性问题并提出解决方案，研究轻钢龙骨吊顶主龙骨和副龙骨的挠度值与理论计算值的关系。

（4）对钢结构建筑轻钢龙骨吊顶进行加固构件标准化，并对整体系统进行模数化归纳和总结，对不同钢结构建筑形式给出不同吊顶参考方案。根据现有施工规范及资料，针对加固吊顶提出施工标准及验收标准。

1.3.2 架空地板

本书采用试验和有限元软件ABAQUS的分析方法，对不同截面尺寸的冷弯帽型钢横梁和方钢横梁进行受弯性能研究。冷弯帽型钢横梁考虑两个参数：翼缘宽度（15mm、20mm、25mm）、壁厚（1.2mm、1.5mm、1.8mm）。其中，方钢横梁为标准试件，不做任何处理，用于试验对比分析，冷弯帽型钢横梁通过改变翼缘宽度和壁厚进行力学性能对比，主要研究内容如下：

（1）制作不同截面尺寸的冷弯帽型钢横梁和方钢横梁，在正常使用范围内对其进行沙袋堆载受弯试验，分析横梁的受力性能及参数影响，并进行力学性能对比。试验通过堆载分11级加载，通过静态应变仪进行数据的采集，并对试验现象做好记录。试验结果表明，方钢横梁抗弯刚度优势体现的并不明显。对冷弯帽型钢横梁而言，抗弯刚度与翼缘宽度和壁厚密切相关，从各个横梁的变形程度及荷载-位移曲线可以发现，增大横梁的壁厚对冷弯帽型钢横梁抗弯刚度的提高程度更大，即壁厚较大的试件抗弯刚度优势体现地更为显著。

（2）通过有限元程序对不同截面尺寸的冷弯帽型钢横梁和方钢横梁进行计算模拟，分析设计参数对冷弯帽型钢横梁承载力的影响。模拟结果表明，横梁的极限承载力与翼缘宽度和壁厚密切相关，通过各个横梁弹塑性破坏模态及荷载-位移曲线可以发现，改变横梁的壁厚对极限承载力的提高优势体现得更为显著；跨中参考点的荷载-位移曲线可划分为三个阶段：弹性阶段、弹塑性阶段、塑性阶段。

（3）研究架空地板系统的设计定位方法、施工安装技术、构造要求及模数化设计等标准化方面的内容，设计出最佳的配套产品，使模数设计、生产和组装等工业化制作过程更加合理。

1.3.3 整体卫浴

本书主要以现有的、没有考虑地震等外荷载作用的整体卫浴产品为研究对象，研究整体卫浴的连接方式。提出两种适用于钢结构民用建筑的，与主体结构进行连接的整体卫浴结构方案，以提高整体卫浴的承载力、稳定性及标准化程度等，新型钢结构整体卫浴结构方案使用角钢为主要材料，使整体卫浴与主体结构进行连接成为可能。并利用有限元软件模拟其在地震力作用下结构的力学性能。最后总结整体厨卫的定位安装方法。具体内容及方案如下：

根据整体卫浴特点和使用功能需求，再结合钢结构的设计及构造要求，提出两种与钢结构建筑主体结构进行连接的整体卫浴结构方案，方案选择最常用的外形组合尺寸。使这两种主要由角钢构成的新型钢结构整体卫浴结构可以满足抗震要求，便于标准化的设计和施工。根据构造要求给出结构、构件及连接的平面图形。

利用 Abaqus 软件对钢结构整体卫浴的角钢框及其连接、关键节点的连接进行地震荷载作用下的拟静力分析，研究结构和构件在水平地震作用下的极限位移、应力状态。并分析方案的可靠性，检验方案是否可以承受多遇地震作用。查看其在罕遇地震作用下的力学性能和变形特点。

选择整体卫浴可能出现的最大外形组合尺寸，利用 Abaqus 软件进行钢结构整体卫浴在多遇地震作用下的拟静力分析，研究结构和构件的力学性能。

通过模拟分析钢结构整体卫浴的受力性能，确定钢结构整体卫浴标准化的结构形式、节点连接形式、角钢规格和钢材型号。确定螺栓、节点板、支座预埋件的尺寸、数量。给出模数化的角钢框、水平支撑、连接件、角钢柱、防水底盘的尺寸。

研究整体卫浴各板件之间的连接，连接方面包括防水底盘、卫浴壁板、顶板的连接，整体卫浴的尺寸大小，构件使用情况，施工安装特点。给出整体卫浴标准化的设计定位和施工安装方法，并根据整体卫浴的特点，提出整体卫浴的质量验收标准。

研究整体厨卫管道连接，综合传统住宅厨卫特点，总结整体厨卫管道接口的处理方法，包括密封胶圈的安置、PVC 管口的粘合拼装方法等。总结厨卫部品的施工安装方法及安装注意事项。

第2章 吊顶用轻钢龙骨的挠度测试试验研究

2.1 试验概况

2.1.1 试验目的和意义

现有轻钢龙骨吊顶没有给出挠度与跨度之间对应的数值关系，只给出施工过程中跨度的经验范围值，试验主要针对此问题展开试验研究。本试验通过理论计算得出挠度与跨度之间的数值关系对比，进行试验验证，并提出挠度限值。其意义在于通过试验验证轻钢龙骨吊顶常用尺寸和跨度，从而在经济安全的前提下，结合钢结构建筑轻钢龙骨标准化和模数化，达到钢结构建筑轻钢龙骨吊顶利用的经济合理性和绿色环保性的目的。

钢结构建筑轻钢龙骨吊顶挠度研究在国内外较少，原因在于吊顶属于装饰装修部分所以忽略了对其进行力学性能分析，现有轻钢龙骨主副龙骨跨度尺寸是基于多年施工经验总结出来的，并没有理论试验进行验证。当吊顶发生锈蚀或者其他损坏时，其产生的冲击力也足以使人受伤，因此对钢结构建筑轻钢龙骨吊顶的挠度研究具有重要的现实意义。

2.1.2 试验的设计及试件的制作

本书的研究对象是钢结构建筑轻钢龙骨吊顶，实际上轻钢龙骨吊顶是通过膨胀螺栓将吊顶固定在楼板上，本试验装置以角钢代替楼板，通过角钢位置的变化改变主龙骨与副龙骨的跨度。

本书通过对钢结构建筑轻钢龙骨吊顶进行挠度分析，旨在通过与理论计算值进行对比从而得出轻钢龙骨吊顶主龙骨副龙骨挠度限值以指导工程实践，所需轻钢龙骨试验材料见表2-1所示。主龙骨14根，副龙骨14根，除了表中所给出的主龙骨和副龙骨外，试验材料还有直径8mm和长度150mm的吊杆28根、D38吊件28个、D38挂片42个、公称直径8mm螺母若干、钢梁、长度3m的∟30×4等边角钢2根、18厘木板（厚度18mm）等。

轻钢龙骨试验材料 表2-1

	品种	断面形式	规格
U型龙骨	承载龙骨		$A \times B \times t$ $38 \times 12 \times 1.0$
C型龙骨	覆面龙骨		$A \times B \times t$ $50 \times 19 \times 0.5$

试验通过改变主龙骨和覆面龙骨（副龙骨）的跨度，运用简支梁模型施加荷载，利用位移计测量其跨中挠度，对比理论计算值。轻钢龙骨吊顶试验试件示意图，如图2-1所示。

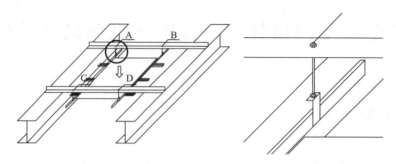

图2-1 轻钢龙骨吊顶试验试件示意图

本书设计了7个试件，SJ-1、SJ-2、SJ-3和SJ-4通过改变主龙骨跨度和均布荷载测试主龙骨挠度，SJ-5、SJ-6和SJ-7通过改变副龙骨跨度和均布荷载测试副龙骨挠度。试件见表2-2所示。

试验试件表		表2-2
试件编号	副龙骨（D50×19×0.5）跨度（mm）	主龙骨（D38×12×1.0）跨度（mm）
SJ-1	1000	900
SJ-2	1000	1200
SJ-3	1000	1500
SJ-4	1000	1800
SJ-5	900	1200
SJ-6	1100	1200
SJ-7	1200	1200

试件制作时，首先将角钢焊接于钢梁之上，吊杆通过螺帽连接在角钢上，按照正常轻钢龙骨吊顶的施工顺序依次将主龙骨与吊杆连接，主龙骨与副龙骨进行连接。轻钢龙骨吊顶节点示意图，如图2-2所示。

图2-2 轻钢龙骨吊顶节点示意图

本试验所用的轻钢龙骨所用材料基于现有厂商提供的，主龙骨与副龙骨配套购买，试件的制作严格按照轻钢龙骨安装规范实施。根据试件的主龙骨和副龙骨跨度确定18厘夹板的尺寸。轻工龙骨吊顶距角钢距离统一取 9mm。确定试件中的每个构件（指主龙骨和副龙骨）比试验跨度多 200mm，在试验前均标定试件节点连接位置。在钢梁上标定主龙骨跨度，在角钢上打孔标定副龙骨跨度。部分试件加工如图 2-3 所示。在试件安装过程中，用水平尺严格测量轻钢龙骨吊顶的水平位置。

图 2-3　部分试件组装构件

2.1.3　试件边界条件及试验加载的制度

主龙骨、副龙骨和相关构件组成试件，试件固定在角钢上，主龙骨和副龙骨边界条件为简支，试件试验加载采用静载的方式逐级进行加载，加载根据试件主龙骨与副龙骨跨度采用 10 级以上不同力进行加载。试验时预先准备好沙袋，按照一定规定进行加载，由于试验需要 18 厘板来装载沙袋，所以每个试件第一级加载重量为板重。加载方案见表 2-3。逐级加载示意图如图 2-4 所示。在本试验设计中，由于施加 18 厘木板荷载较小，不便于按层均布加载。试验采用对称加载的方式，第一级加载为木板，第二级加载位于板中心处，第三级加载位于板的左侧，第四级加载位于板的右侧，第五级加载位于板的中心处上方，第六级加载位于板中心处下方，第七级加载位于图片的东北方向，第八级加载位于图片的西南方向，第九级加载位于板的西北方向，第十级加载位于板的东南方向，第十一级加载位于中心处。以此种方式逐级加载沙袋得到轻钢龙骨吊顶挠度值。

图 2-4　逐级加载示意图

试验加载方案　　　　　　　　　　　　　　　　　表 2-3

试件	1 级加载（kg）	2 级加载（kg）	3 级加载（kg）	4 级加载（kg）	5 级加载（kg）	6 级加载（kg）	7 级加载（kg）	8 级加载（kg）	9 级加载（kg）	10 级加载（kg）	11 级加载（kg）
SJ-1	10	12	14	16	17.1	19	21.6	23	25	27	—
SJ-2	10	14	17	20	22.8	24	26	28.8	31	34	36

续表

试件	1级加载（kg）	2级加载（kg）	3级加载（kg）	4级加载（kg）	5级加载（kg）	6级加载（kg）	7级加载（kg）	8级加载（kg）	9级加载（kg）	10级加载（kg）	11级加载（kg）
SJ-3	10	16	20	24	28.5	30	34	36	39	43	45
SJ-4	10	18	26	30	34.2	36	40	43.2	46	50	54
SJ-5	9	13	15	17	20.52	23	25.92	28	30	32.4	—
SJ-6	9	14	17	20	22.8	25	28.8	32	34	36	—
SJ-7	12.5	16	20	23	27.36	30	34.56	38	41	43.2	—

2.1.4 试验测试内容和测试仪器

根据试验目的的要求，需要测试的内容有两方面：（1）主龙骨挠度；（2）副龙骨挠度。在轻钢龙骨上贴应变片进行应变值的测量，利用位移计（量程500mm）进行挠度的测量，利用静态应变仪进行应变和挠度的数据采集。静态应变仪和位移计，如图2-5所示。

图2-5　静态应变仪和位移计

本试验中所需要绘制的荷载位移曲线是通过位移计的布置来实现的，本试验中采用量程为50mm（±25mm）的位移计，共计两块。位移计布置效果图如图2-6所示。位移计实际位置如图2-7所示。

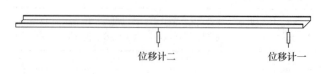

位移计二　　　　　位移计一

图2-6　位移计布置效果图

图2-7　位移计的实际位置图

　　其中，位移计一布置在主龙骨跨中与副龙骨连接部位，主要作用是检测主龙骨的位移。位移计二布置在第二根副龙骨跨中，主要作用是检测副龙骨的位移。而计算副龙骨实际位移是将两者之和相减。本书中试验所用到的试验测量装置主要指的是位移测量和应力、应变测量装置。试验试件的位移变形主要通过位移计来测量，而应力和应变主要是靠粘贴在主龙骨和副龙骨跨中外部表面的应变片来测量，应变片粘贴位置如图 2-8 所示。

图 2-8　应变片粘贴

2.1.5　材性试验

　　本试验的钢材材料力学特性由标准拉伸试验确定，试件加工制作时就在节点同批次的建材上取好 2 组试样，采用线切割把钢坯加工成钢材的标准拉伸试样，进行单轴拉伸试验。测试方法依据国家标准《金属材料　拉伸试验　第 1 部分：室温试验方法》GB/T 228.1—2010 的有关规定进行，测得屈服强度（f_y）、极限强度（f_u）、弹性模量 E、泊松比 μ。钢板拉伸试样如图 2-9 所示，单向拉伸试件的材性试件加工参数见表 2-4，最终钢材性能指标见表 2-5。

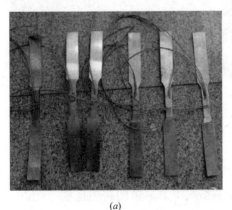

(a)

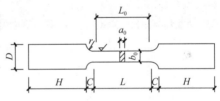

(b)

图 2-9　钢板拉伸试样

（a）拉伸试样实际图；（b）拉伸试样尺寸

单向拉伸试件的材性试件加工参数　　　　　　　　　　表 2-4

试件类别	数量	材料级别	a_0(mm)	b_0(mm)	L_0(mm)	L(mm)	r(mm)	D(mm)	H(mm)	C(mm)
主龙骨	3	Q235	1	20	80	90	20	40	150	20
副龙骨	3	Q235	0.5	20	80	90	20	40	150	20

钢材性能指标　　　　　　　　　　表 2-5

钢材材料	屈服强度 f_y（N/mm²）	极限强度 f_u（N/mm²）	弹性模量 E（N/mm²）	泊松比 μ	延伸率 δ(%)
主龙骨	8.7	10.3	2.02×10^5	0.283	22.7
副龙骨	3.6	3.9	1.98×10^5	0.251	21.9

2.2 试验现象与分析

本试验是基于正常使用情况下，即主龙骨和副龙骨处于弹性阶段的钢结构建筑用轻钢龙骨吊顶的挠度分析。SJ-1 和 SJ-2 由于跨度小受荷小试验过程中并无失稳现象，SJ-5 和 SJ-6 卸载后有残余变形。在跨度增大的情况下，比如 SJ-3、SJ-4 和 SJ-7，随着跨度和荷载增大，其主龙骨弯扭失稳。

当 SJ-3 加到第八级（360N）时，主龙骨突然发生弯扭失稳，如图 2-10 所示。原因主要是主龙骨与副龙骨的连接处挂片传力的方式使主龙骨产生扭矩和偏心受压。SJ-4 参数：当加到第三级（360N）时，主龙骨突然发生弯扭失稳，说明主龙骨跨度达到 1800mm 时没有实际工程意义，主要原因和 SJ-3 相同。当 SJ-7 加到第 5 级（273.6N）时，主龙骨突然发生弯扭失稳，原因和 SJ-3 相同。但是副龙骨并无失稳现象主要原因在于副龙骨翼缘两端受力均衡。

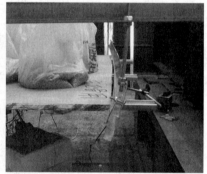

图 2-10　试件三失稳现象

2.2.1 荷载与位移曲线

试验研究在不同跨度和不同荷载情况下，钢结构建筑轻钢龙骨吊顶主龙骨与副龙骨挠度分析。通过它可以看出在不同跨度和不同荷载情况下，吊顶的跨中挠度变化值，并对比试验指导工程实践。图 2-11 给出各个试件跨中荷载和挠度的关系曲线。其中，横轴表示试验试件的挠度，纵轴表示在试件之上加的荷载。从荷载-挠度曲线图中可以得知，由于加载范围是正常使用的荷载，所以都是在弹性范围内。SJ-1 和 SJ-2 在加载过程中处于弹

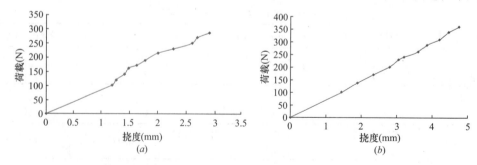

图 2-11　试件荷载-挠度曲线（一）
(*a*) SJ-1 荷载-挠度曲线；(*b*) SJ-2 荷载-挠度曲线

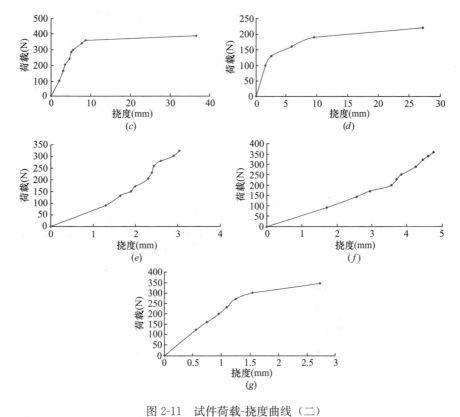

图 2-11　试件荷载-挠度曲线（二）

（c）SJ-3 荷载-挠度曲线；（d）SJ-4 荷载-挠度曲线；（e）SJ-5 荷载-挠度曲线；（f）SJ-6 荷载-挠度曲线；
（g）SJ-7 荷载-挠度曲线

性阶段。SJ-5 和 SJ-6 虽然没有发生弯扭失稳，但是荷载卸载之后出现残余变形，说明进入塑性阶段。SJ-3、SJ-4 和 SJ-7 发生弯扭失稳。

2.2.2　理论值与试验值对比

本书运用结构力学求解器进行钢结构建筑轻钢龙骨吊顶主龙骨和副龙骨的挠度计算，在理想状态下求解，不考虑构件的初始缺陷等问题。试验值与理论值对比如图 2-12 所示。

通过对比可以看出，在相同受荷情况下，通过结构力学求解器不考虑构件初始缺陷算出的值比试验值小 10% 左右。

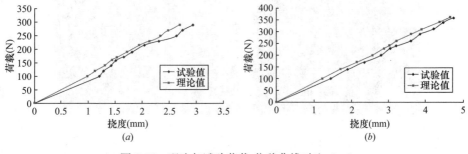

图 2-12　理论与试验荷载-位移曲线对比（一）

（a）SJ-1；（b）SJ-2

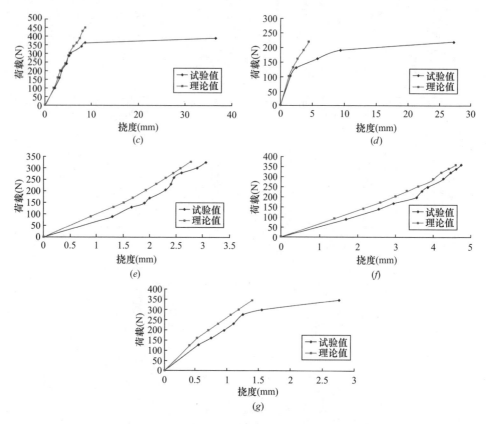

图 2-12　理论与试验荷载-位移曲线对比（二）

（c）SJ-3；（d）SJ-4；（e）SJ-5；（f）SJ-6；（g）SJ-7

　　由于结构力学求解器只能求解弹性阶段，因此没有考虑主龙骨的稳定性问题，在试验中可以看出由于构件的初始缺陷和边界条件的问题在加载过程中容易发生弯扭失稳。原因主要是两方面：一是在安装过程中构件受力达不到理想状态；二是吊件本身构造容易使主龙骨发生弯扭失稳。吊件如图 2-13 所示。所以基于此种设想对吊件进行加固改造。

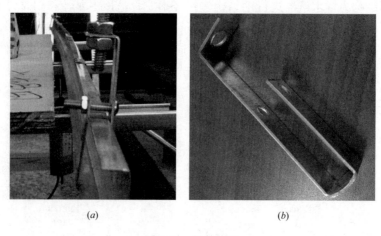

图 2-13　吊件构造

（a）吊件在吊顶中位置；（b）吊件

2.3 新型吊顶加固件

本书对新型吊件的构思，基于现有吊件作为主龙骨的边界条件，当轻钢龙骨吊顶主龙骨发生弯扭时，吊件提供抵抗扭矩的反力，但只能是通过自身钢板抵抗。因此，基于以上考虑，新型吊件形式如图 2-14、图 2-15 所示，新型挂件形式如图 2-16、图 2-17 所示。

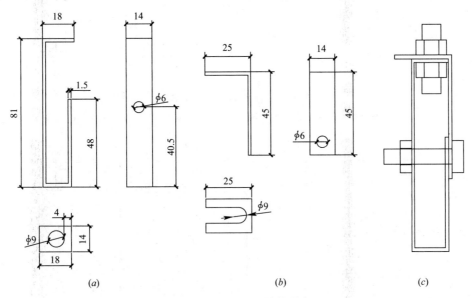

图 2-14　新型 D38 吊件形式

（*a*）D38 现有吊件形式；（*b*）D38 吊件加固件形式；（*c*）两者组合形式

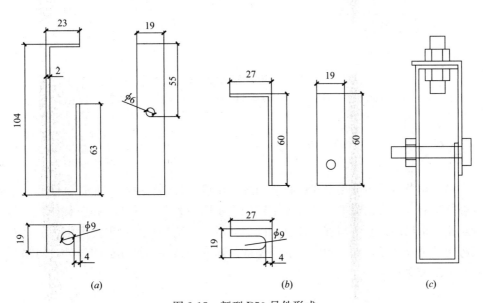

图 2-15　新型 D50 吊件形式

（*a*）现有 D50 吊件形式；（*b*）D50 吊件加固件形式；（*c*）两者组合形式

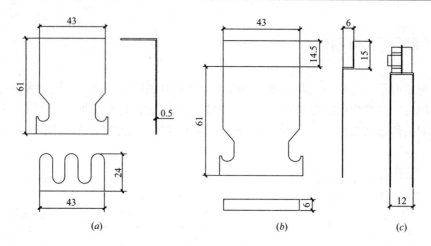

图 2-16　新型 D38 挂件形式
(*a*) 现有 D38 挂件形式；(*b*) D38 挂件加固件形式；(*c*) 两者组合形式

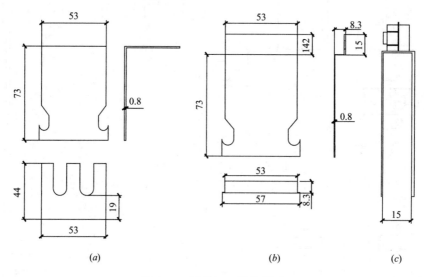

图 2-17　新型 D50 挂件形式
(*a*) 现有 D50 挂件形式；(*b*) D50 挂件加固件形式；(*c*) 两者结合形式

2.4　小结

　　本章对轻钢龙骨吊顶常用形式进行静力加载试验，分别对 4 组主龙骨试件和 3 组副龙骨试件进行试验，通过试验得出试件在不同跨度不同荷载下试件的力和位移曲线。与理论值进行对比，得出结果基本与理论计算相同，并进行总结和归纳得出挠度限值。针对试验中吊顶弯扭的试验现象，提出相应配套类型的吊顶加固吊件和吊顶加固挂件，对吊顶整体稳定性产生积极的作用。

第3章 钢结构建筑吊顶轻钢龙骨挠度分析

3.1 吊顶力学分析研究现状

随着科技的进步和人民生活水平的提高，人们对生活环境中物质品质的追求日益完美。吊顶作为现代家居的必须材料，在生活中起着举足轻重的作用。对于吊顶的研究，国内外厂商的注意力主要集中在顶棚上，原因在于按照施工规范要求和现有材质属性，完全可以满足顶棚的受力性能，但是对于尺寸的控制过于保守，其结果是大量材料的浪费，这不利于现在所提倡的低碳环保的生活理念。本书通过对轻钢龙骨吊顶挠度控制，进行理论分析，进而达到节约材料的目的。

吊顶用轻钢龙骨模数化研究，基于《纸面石膏板》GB/T 9775—2008、《内装修—吊顶》05J7-3、《建筑用轻钢龙骨》GB/T 11981—2008、《轻钢龙骨吊顶施工工艺标准》QB-CNCEC J030402—2004、《连续热镀锌钢板及钢带》GB/T 2518—2004、《建筑装饰装修工程质量验收标准》GB 50210—2018、《轻钢龙骨布面石膏板》07SJ507、《布面洁净板隔墙及吊顶》N72H 等规范标准。

基本原理是通过挠度的控制，解决吊顶轻钢龙骨变形问题，从而得出模数化。轻钢龙骨选型，见表 3-1。纸面石膏板按照《纸面石膏板》GB/T 9775—2008 规定选取，见表 3-2。吊顶用石膏板厚度尺寸为：9.5mm、12mm 和 15mm。需要说明的是在以下挠度统计表和强度统计表中，第一行为 9.5mm 板重，第二行为 12mm 板重，第三行为 15mm 板重。

轻钢龙骨类型 表 3-1

品种		断面形式	规格	备注
U 型龙骨	承载龙骨		$A \times B \times t$ $38 \times 12 \times 1.0$ $50 \times 15 \times 1.2$ $60 \times B \times 1.2$	$B = 24 \sim 30$
	承载龙骨		$A \times B \times t$ $38 \times 12 \times 1.0$ $50 \times 15 \times 1.2$ $60 \times B \times 1.2$	
C 型龙骨	覆面龙骨		$A \times B \times t$ $50 \times 19 \times 0.5$ $60 \times 27 \times 0.6$	

纸面石膏板板厚及面密度 表 3-2

板材厚度（mm）	面密度（kg/m²）
9.5	9.5
12.0	12.0
15.0	15.0
18.0	18.0
21.0	21.0
25.0	25.0

3.2 轻钢龙骨简支梁模型挠度变形分析

轻钢龙骨吊顶主龙骨简支梁模型主要承受两个荷载的作用，一是其自重均布荷载，二是承受副龙骨传递的集中荷载。轻钢龙骨吊顶副龙骨简支梁模型主要承受两个荷载的作用，一是其自身自重均布荷载，二是承受顶棚均布荷载。

主龙骨挠度运用叠加原理进行计算，主要运用以下几个公式进行计算。如图 3-1 所示，所用叠加原理的部分力学模型公式，见式（3-1）。

$$y = \frac{F_P b x}{6lEI}(l^2 - x^2 - b^2)$$

$$(0 \leqslant x \leqslant a)$$

$$y = \frac{F_P a(l-x)}{6lEI}(2lx - x^2 - a^2)$$

$$(a \leqslant x \leqslant l) \tag{3-1}$$

如图 3-2 所示，所用叠加原理的均布荷载部分力学模型计算公式，见式（3-2）。

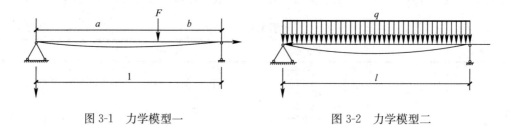

图 3-1　力学模型一图 3-2　力学模型二

副龙骨的挠度计算利用叠加原理和模型二的计算公式进行计算。

$$y = \frac{qx}{24EI}(l^3 - 2lx^2 + x^3) \tag{3-2}$$

3.3 不上人吊顶挠度变形分析

不上人吊顶轻钢龙骨主龙骨受自重产生的均布荷载以及副龙骨施加的集中荷载，吊杆提供支座，整个受力模型为简支梁模型。如图 3-3 所示。

不上人吊顶跨中挠度是运用叠加原理和上述公式（3-1）和公式（3-2）进行计算，在计算过程中保持作用在简支梁上的集中荷载间距为 450mm。计算结果如表 3-3 和表 3-4 所示。

从表中可以看出在梁材料和荷载不变的情况下,不同跨度的受力模型跨中挠度不同。当主龙骨选 U38 和纸面石膏板厚度选取 9.5mm 时,主龙骨长度应达到 1600mm;当主龙骨选 U38 和纸面石膏板厚度选取 12mm 时,主龙骨

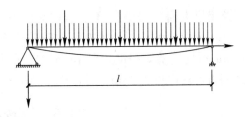

图 3-3　不上人轻钢龙骨吊顶主龙骨受力模型

长度应达到 1500mm;当主龙骨选 U38 和纸面石膏板厚度选取 15mm 时,主龙骨长度应达到 1400mm。当主龙骨选 C38 和纸面石膏板厚度选取 9.5mm 时,主龙骨长度应达到 1700mm;当主龙骨选 C38 和纸面石膏板厚度选取 12mm 时,主龙骨长度应达到 1550mm;当主龙骨选 C38 时和纸面石膏板厚度选取 15mm 时,主龙骨长度应达到 1400mm。

U 型轻钢龙骨吊顶主龙骨力学性能　　　　表 3-3

断面形式规格	断面形式规格(mm)	$EA(\times10^7)$(mm)	$EI_x(\times10^9)$(mm)	$q(\times10^{-2})$(N/mm²)
U 型龙骨	$A\times B\times t$ $38\times12\times1.0$	1.236	2.493424	0.471

不上人吊顶 U 型主龙骨简支梁模型挠度统计表（$\rho=7850$kg/m³,$E=2.06\times10^5$MPa）　　表 3-4

断面形式规格	ω(1200)	ω(1250)	ω(1300)	ω(1350)	ω(1400)	ω(1500)	ω(1550)	ω(1600)	ω(1650)	ω(1700)	ω(1750)
$A\times B\times t$ $38\times12\times1.0$	1.17	1.33	1.49	1.67	1.95	2.41	2.72	3.00	3.29	3.60	3.96
	1.53	1.73	1.95	2.11	2.44	3.01	3.41	3.75	4.12	4.29	4.95
	1.90	2.15	2.42	2.64	3.03	3.73	4.23	4.66	5.11		

注: 应力括号内为跨度。

见表 3-5 所示,其为不上人吊顶 U 型主龙骨简支梁模型强度统计表。从表中可以看出当主龙骨随着跨度变化时,荷载和位移也发生变化。主龙骨最大弯矩截面最大正应力仍在弹性范围之内。

不上人吊顶 U 型主龙骨简支梁模型强度统计表　　　　表 3-5

断面形式规格	W_{nx}(mm²)	$EA(\times10^7)$(mm)	$EI_x(\times10^9)$(mm)	$q(\times10^{-2})$(N/mm²)	σ(1350)(MPa)	σ(1800)(MPa)
$A\times B\times t$ $38\times12\times1.0$	637.5	1.236	2.493	0.471	37.91	50.63
					47.84	63.87
					59.76	82.46

注: 应力括号内为跨度。

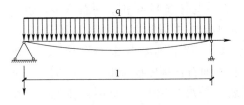

图 3-4　不上人吊顶覆面龙骨受力模型

不上人吊顶覆面龙骨(副龙骨)承受顶棚(纸面石膏板)自重和其自身自重产生的均布荷载,其受力模型图如图 3-4 所示。

不上人吊顶覆面龙骨简支梁模型挠度数据统计表,如表 3-6 和表 3-7 所示。从表中可看出在覆面龙骨(副龙骨)材质和荷载不变的情况下,

当跨度增大时，跨中挠度不断增大。按照实际施工情况，覆面龙骨（副龙骨）跨度为900mm 到 1000mm。从表中可以看出当纸面石膏板厚度为 9.5mm 时，按照跨度 900mm 到 1000mm 时计算，挠度达到 1mm；当纸面石膏板厚度为 12mm 时，挠度到达 1.2mm；当纸面石膏板厚度为 15mm 时，挠度到达 1.5mm。

C 型不上人轻钢龙骨吊顶副龙骨力学性能　　表 3-6

	断面形式规格（mm）	$EA(\times10^7)$（mm）	$EI_x(\times10^9)$（mm）	$q(\times10^{-2})$（N/mm²）
C 型龙骨	$A\times B\times t$ $50\times19\times0.5$	0.988	0.482	0.3768

不上人吊顶 C 型副龙骨简支梁模型挠度统计表（$\rho=7850kg/m^3$，$E=2.06\times10^5MPa$）　表 3-7

断面形式规格	$\omega(900)$（mm）	$\omega(950)$（mm）	$\omega(1000)$（mm）	$\omega(1050)$（mm）	$\omega(1100)$（mm）	$\omega(1150)$（mm）	$\omega(1200)$（mm）	$\omega(1250)$（mm）	$\omega(1300)$（mm）	$\omega(1350)$（mm）	$\omega(1400)$（mm）
$A\times B\times t$ $50\times19\times0.5$	0.65	0.81	1.00	1.22	1.47	2.08	2.45	2.87	3.33	3.86	4.44
	0.81	1.01	1.24	1.51	1.82	2.58	3.04	3.56	4.14	4.79	5.51
	1.01	1.25	1.54	1.87	2.25	3.19	3.76	4.39	5.11		

不上人吊顶副龙骨简支梁模型强度表，如表 3-8 所示。从表中可以看到当跨度分别取 900mm、1300mm、1500mm 时，其强度均未达到强度极限。

不上人吊顶 U 型主龙骨简支梁模型强度统计表　　表 3-8

断面形式规格	W_{nx}（mm²）	$EA(\times10^7)$（mm）	$EI_x(\times10^9)$（mm）	$q(\times10^{-2})$（N/mm²）	$\sigma(900)$（MPa）	$\sigma(1350)$（MPa）	$\sigma(1800)$（MPa）
$A\times B\times t$ $38\times12\times1.0$	246.32	0.9888	0.482	0.3768	9.12	39.89	53.11
					23.75	49.54	65.96
					29.29	61.12	81.37

注：应力括号内为跨度。

3.4　上人吊顶挠度变形分析

上人吊顶轻钢龙骨主龙骨受自重产生的均布荷载、副龙骨施加的集中荷载和板材施加的均布荷载，吊杆提供支座，整个受力模型为简支梁模型，如图 3-5 所示。

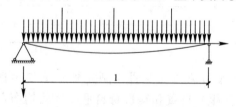

图 3-5　上人轻钢龙骨吊顶主龙骨受力模型

上人吊顶简支梁模型挠度统计表，如表 3-9 和表 3-10 所示。从表中可以看出在梁材料和荷载不变的情况下，不同跨度的受力模型跨中挠度不同。当主龙骨选 U50 和纸面石膏板厚度选取 9.5mm 时，主龙骨长度应达到 1350mm；当主龙骨选 U50 和纸面石膏板厚度选取 12mm 时，主龙骨长度应达到 1300mm；当主龙骨选 U38 和纸面石膏板厚度选取 15mm 时，主龙骨长度应达到 1300mm。当主龙骨选 U60 和纸面石膏板厚度选取 9.5mm 时，主龙骨长度应达到 1700mm。

U 型轻钢龙骨上人吊顶主龙骨力学性能　　　　表 3-9

断面形式规格	$EA(\times 10^7)$(mm)	$EI_x(\times 10^9)$(mm)	$q(\times 10^{-2})$(N/mm^2)
$A \times B \times t$ $50 \times 15 \times 1.2$	1.9158	6.637	0.73
$A \times B \times t$ $60 \times 24 \times 1.2$	2.6162	14.194	0.99695

上人吊顶 U 型主龙骨简支梁模型挠度统计表（$\rho = 7850\text{kg/m}^3$，$E = 2.06 \times 10^5 \text{MPa}$）　　表 3-10

断面形式规格	$\omega(1200)$ (mm)	$\omega(1250)$ (mm)	$\omega(1300)$ (mm)	$\omega(1350)$ (mm)	$\omega(1400)$ (mm)	$\omega(1450)$ (mm)	$\omega(1500)$ (mm)	$\omega(1550)$ (mm)	$\omega(1600)$ (mm)
$A \times B \times t$ $50 \times 15 \times 1.2$	2.18	2.47	2.78	3.11	3.47	3.86	4.28		
	2.27	2.57	2.89	3.23	3.61	4.01	4.44		
	2.41	2.72	3.06	3.43	3.83	4.25			
$A \times B \times t$ $60 \times 24 \times 1.2$	1.02	1.16	1.30	1.46	1.63	1.81	2.01	2.22	2.44
	1.08	1.22	1.37	1.54	1.72	1.91	2.12	2.34	2.57
	1.14	1.29	1.45	1.63	1.82	2.01	2.24	2.48	2.73

注：应力括号内为跨度。

　　当主龙骨选 U60 和纸面石膏板厚度选取 12mm 时，主龙骨长度应达到 1700mm；当主龙骨选 U50 和纸面石膏板厚度选取 15mm 时，主龙骨长度应达到 1650mm。以上数据为理论分析值，在实际工程当中，还应该具体问题具体分析。

　　表 3-11 为上人吊顶主龙骨简支梁模型强度统计表。从表中可以看出当主龙骨随着跨度变化时，荷载和位移也发生变化。主龙骨最大弯矩截面最大正应力仍在弹性范围之内。

上人吊顶 U 型主龙骨简支梁模型强度统计表　　　　表 3-11

断面形式规格	W_{nx}(mm^2)	$EA(\times 10^7)$ (mm)	$EI_x(\times 10^9)$ (mm)	$q(\times 10^{-2})$ (N/mm^2)	$\sigma(1200)$ (MPa)	$\sigma(1500)$ (MPa)	$\sigma(1900)$ (MPa)
$A \times B \times t$ $50 \times 15 \times 1.2$	1288.88	1.9158	6.637732	0.73	82.26	103.14	131.187
					86.62	108.6	138.1
					91.86	115.15	146.39
$A \times B \times t$ $60 \times 24 \times 1.2$	2296.8	2.6162	14.194224	0.99695	45.59	56.99	72.08
					48.04	60.05	76.06
					50.98	63.72	80.71

注：应力括号内为跨度。

　　上人吊顶覆面龙骨（副龙骨）承受顶棚（纸面石膏板）自重和其自身自重产生的均布荷载，其受力模型图如图 3-6 所示。

　　上人吊顶覆面龙骨简支梁模型挠度数据统计表，如表 3-12 和表 3-13 所示。从表中可看出在覆面龙骨（副龙骨）材质和荷载不变的情况下，当跨度增大时，跨中挠度不断增大。按照实际施工情况，覆面龙骨（副龙骨）跨度为 900mm 到 1000mm。从表中可以看出当选纸面石膏板厚度

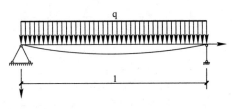

图 3-6　上人吊顶覆面龙骨受力模型

为 9.5mm 时，按照跨度 900mm 到 1000mm 计算，挠度达到 0.31mm；当纸面石膏板厚度为 12mm 时，挠度到达 0.39mm；当纸面石膏板厚度为 15mm 时，挠度到达 0.49mm。

C 型上人轻钢龙骨吊顶副龙骨力学性能 表 3-12

	断面形式规格（mm）	$EA(\times 10^7)$(mm)	$EI_x(\times 10^9)$(mm)	$q(\times 10^{-2})$(N/mm²)
C 形龙骨	$A\times B\times t$ $60\times 27\times 0.6$	1.5038	1.4187	0.573

上人吊顶 C 型副龙骨简支梁模型挠度统计表（$\rho=7850$kg/m³，$E=2.06\times 10^5$MPa） 表 3-13

断面形式规格	ω (900)	ω (950)	ω (1000)	ω (1050)	ω (1100)	ω (1150)	ω (1200)	ω (1250)	ω (1300)	ω (1350)	ω (1400)
$A\times B\times t$ $60\times 27\times 0.6$	0.20	0.25	0.31	0.38	0.46	0.54	0.65	0.76	0.89	1.04	1.20
	0.26	0.32	0.39	0.48	0.58	0.69	0.82	0.96	1.13	1.31	1.52
	0.32	0.40	0.49	0.60	0.72	0.86	1.02	1.21	1.41	1.64	1.90

注：应力括号内为跨度。

上人吊顶覆面龙骨（副龙骨）简支梁模型强度统计表，如表 3-14 所示。从表中可以看到当跨度分别取 900mm、1300mm、1500mm 时，其强度均未达到强度极限。

上人吊顶 U 型主龙骨简支梁模型强度统计表 表 3-14

断面形式规格	W_{nx}(mm²)	$EA(\times 10^7)$ (mm)	$EI_x(\times 10^9)$ (mm)	$q(\times 10^{-2})$ (N/mm²)	$\sigma(900)$ (MPa)	$\sigma(1350)$ (MPa)	$\sigma(1800)$ (MPa)
$A\times B\times t$ $60\times 27\times 0.6$	510.15	1.5038	1.4187	0.573	8.49	17.73	22.05
					10.73	22.39	27.85
					13.41	27.98	34.8

注：应力括号内为跨度。

3.5 挠度限值的求解

一般情况下，民用吊顶主龙骨（D38×12×1.0）和副龙骨（C50×19×0.5）或者主龙骨（C38×12×1.0）和副龙骨（C50×19×0.5）配套使用，搭载板材一般为 9.5mm、12mm 和 15mm 厚纸面石膏板，根据《轻钢龙骨吊顶施工工艺标准》规定"双层轻钢 U 型、T 型龙骨骨架吊点间距≤1200mm，单层骨架吊顶吊点间距为 800~1500mm（视罩面板材料密度、厚度、强度、刚度等性能而定）"。通过以上求解轻钢龙骨的挠度，联系跨度和挠度的比值，求出适用于轻钢龙骨的挠度限值。如表 3-15~表 3-19 所示。

主龙骨（D38×12×1.0）承受 9.5mm 纸面石膏板跨度和挠度的比值 表 3-15

挠度	跨度	比值（挠度/跨度）
1.17	1200	1/1025
1.33	1250	1/939
1.49	1300	1/868
1.67	1350	1/805
1.95	1400	1/716
2.41	1500	1/621
2.72	1550	1/568
3.00	1600	1/533

挠度	跨度	比值（挠度/跨度）
3.29	1650	1/500
3.60	1700	1/471
3.96	1750	1/441
4.32	1800	1/416

主龙骨（D38×12×1.0）承受 12mm 纸面石膏板跨度和挠度的比值　　表 3-16

挠度	跨度	比值（挠度/跨度）
1.53	1200	1/783
1.73	1250	1/721
1.95	1300	1/666
2.11	1350	1/638
2.44	1400	1/572
3.01	1500	1/497

主龙骨（C38×12×1.0）承受 9.5mm 纸面石膏板跨度和挠度的比值　　表 3-17

挠度	跨度	比值（挠度/跨度）
1.07	1200	1/1116
1.21	1250	1/1027
1.37	1300	1/948
1.53	1350	1/877
1.71	1400	1/815
2.11	1500	1/707
2.34	1550	1/661
2.57	1600	1/620
2.83	1650	1/582
3.10	1700	1/547
3.39	1750	1/516
3.69	1800	1/487

主龙骨（C38×12×1.0）承受 12mm 纸面石膏板跨度和挠度的比值　　表 3-18

挠度	跨度	比值（挠度/跨度）
1.31	1200	1/913
1.48	1250	1/840
1.67	1300	1/778
1.87	1350	1/718
2.09	1400	1/666
2.59	1500	1/578
2.92	1550	1/529
3.22	1600	1/496
3.54	1650	1/465
3.87	1700	1/438

主龙骨（C38×12×1.0）承受 15mm 纸面石膏板跨度和挠度的比值　　表 3-19

挠度	跨度	比值（挠度/跨度）
1.67	1200	1/716
1.89	1250	1/659
2.13	1300	1/609
2.39	1350	1/564
2.66	1400	1/524
3.28	1500	1/455
3.63	1550	1/426
4.00	1600	1/399

通过对理论数据和试验数据的对比以及不同跨度和不同荷载比值总结出钢结构建筑吊顶挠度限值为 1/400。

3.6　小结

对于家用吊顶轻钢龙骨挠度的控制关乎顶棚的整体平整度和美观，在相应挠度控制及实用美观的前提下，得到最大限度地节约材料的解决方案。不同轻钢龙骨和不同顶棚（板厚）的组合，本书从理论上给出了各种情况下的挠度，在实际工程中切实根据龙骨挠度的大小与顶棚的变形限值结合，主龙骨、副龙骨和顶棚的变形是由上而下制约的，也就是说，主龙骨和副龙骨的变形过大很有可能超出顶棚变形限值，使其无法安装。施工过程中应根据实际情况进行挠度控制，使其达到理论与实际的完美结合。

第 4 章　新型加固吊顶构造及有限元模拟

4.1　新型加固方式的提出

4.1.1　国外吊顶加固形式

日本建筑学会编写的《建筑工程标准试样书·同解说》采用横杆加斜杆对吊顶进行加固，如图 4-1 所示。通过加固能够增强吊顶整体的侧向刚度。其吊顶加固部位的施工方法为焊接。

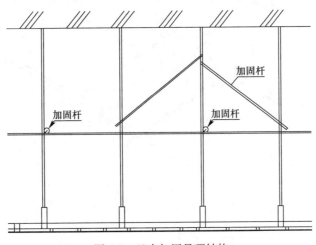

图 4-1　日本加固吊顶结构

4.1.2　新型吊顶加固形式

新型加固吊顶结构借鉴吊杆大于 1.5m 的情况下采取加固措施，和国内在吊杆长度大于 1.5m 的情况下加入斜支撑加固处理，根据《轻钢龙骨吊顶施工工艺标准》QB-CNCECJ 030402—2004，主龙骨跨度为 1350mm 与副龙骨跨度为 1000mm，如图 4-2 所示。本书所提出的新加固方式是基于日本加固的构造形式进行加固处理，和日本形式最大的不同是将节点连接形式由原来的焊接改为新型连接形式，其特点是：（1）受力性能好；（2）施工时劳动强度减轻，改善了劳动条件；（3）施工速度快，安装简便，拆换灵活；（4）节能环保，构件可重复利用。新型吊顶局部示意图，如图 4-3 所示。新型加固形式采用以吊杆为中心，吊杆与横杆 1 和横杆 2 正交，横杆 2 平行于主龙骨方向，横杆 1 垂直于主龙骨方向，增加三个斜杆搭接在吊杆、横杆 1 和横杆 2 上。具体连接形式为横杆 1、横杆 2 和吊杆正交于吊杆中点；斜杆 1 两端分别搭接于横杆 1 和吊杆；斜杆 2 两端分别搭接于横杆 1 和横杆 2；斜杆 3 两端分别搭接于横杆 2 和吊杆。横杆 1 与横杆 2 搭接点距横杆 1 与斜杆 1 搭接点距离为 100mm；横杆 1 与斜杆 1 搭接点距横杆 1 与斜杆 2 搭接点距离为 20mm。横杆 2

与吊杆搭接点和横杆 2 与斜杆 3 搭接点距离为 100mm；横杆 2 与斜杆 3 搭接点和横杆 2 与斜杆 2 搭接点距离为 20mm。斜杆 1 长度为 150mm，凹槽距离为 141.42mm；斜杆 2 长度为 190mm，凹槽距离为 175.45mm；斜杆 3 长度为 170mm，凹槽距离为 150.17mm。吊杆采用直径 8mm 吊杆，在节点处模拟方便考虑将吊杆端部连接在一起，实际施工中，运用连接件进行连接。对于一个加固杆来说，两端分别与水平杆和纵向杆进行连接，加固杆、水平杆和纵向杆都有相应的凹槽，在具体施工中根据具体情况进行合理安排，连接件如图 4-4 所示。

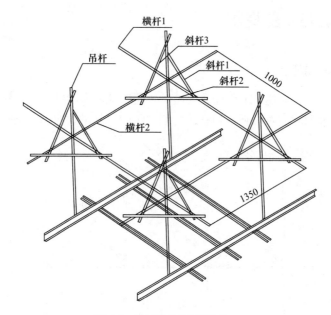

图 4-2 新型加固吊顶结构

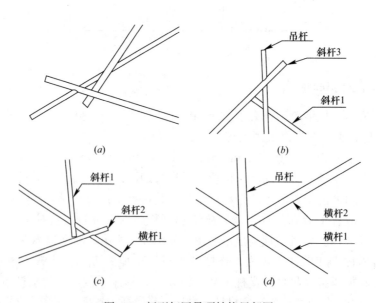

图 4-3 新型加固吊顶结构局部图

(a) 斜杆 2、斜杆 3 和横杆 2 交汇点；(b) 吊杆、斜杆 1 和斜杆 3 交汇点；(c) 横杆 1、斜杆 1 和斜杆 2 交汇点；
(d) 吊杆、横杆 1 和横杆 2 交汇点

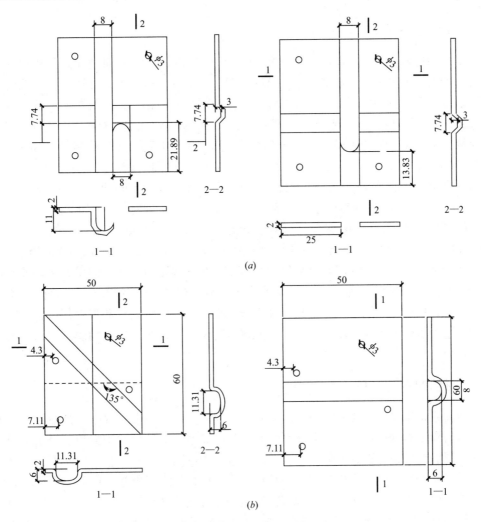

图 4-4　加固杆两端的固件

(a) 三杆交汇点两侧固件; (b) 斜杆与横杆交汇点的紧固件

4.2　有限元软件介绍和材料的本构关系

4.2.1　有限单元法简介

　　有限单元法 (Finite Element Method 简称 FEM) 是弹性力学的一种近似求解方法, 将连续体离散化为若干个有限大小的单元体的集合, 以求解连续体力学问题的数值方法。有限单元法是一种高效的、常用的计算方法。FEM 的特点是具有灵活性和通用性, 对同一类问题可编制出通用程序, 应用计算机进行计算。只要适当加密网络, 就可达到工程要求的精度。基本思想是首先将连续体变换为离散性结构体, 然后利用分片插值技术与虚功原理或变分方法进行求解。其求解步骤包括以下几方面: 结构离散化、选择位移插值函数、分析单元的力学性能、建立整体结构的平衡方程以及求解未知节点的位移和单元应力。本书中采用有限元软件 ABAQUS 进行有限元模拟分析。

4.2.2　ABAQUS 简介

ABAQUS 是一套功能强大的工程模拟的有限元软件，其解决问题的范围从相对简单的线性分析到许多复杂的非线性问题。ABAQUS 包括一个丰富的、可模拟任意几何形状的单元库。并拥有各种类型的材料模型库，可以模拟典型工程材料的性能，其中包括金属、橡胶、高分子材料、复合材料、钢筋混凝土、可压缩超弹性泡沫材料以及土壤和岩石等地质材料。在土木工程方面 ABAQUS 已经成为科研人员与工程师们科研和设计的首选。

ABAQUS 有两个主求解器模块——ABAQUS/Standard 和 ABAQUS/Explicit。ABAQUS 还包含一个全面支持求解器的图形用户界面，即人机交互前后处理模块——ABAQUS/CAE。ABAQUS 对某些特殊问题还提供了专用模块，比如：ABAQUS/Design 模块、ABAQUS/Aqua 模块、ABAQUS/Viewer 模块、ABAQUS/Foundation 模块、ABAQUS for CATIA V5 模块、Fe-Safe 模块、ABAQUS Interface for MSC.ADSMS 模块和 ABAQUS Interface for MOLDFLOW 模块。ABAQUS 包括内容丰富的单元库，单元种类多达 562 种。它们可以分为 8 个大类，称为单元族，包括：实体单元、壳单元、薄膜单元、梁单元、杆单元、刚体元、连接元和无限元等单元。科研人员和工程师可以按照具体实际需求选择合适的单元。本书以实体单元进行建模，对钢结构建筑加固吊顶和普通吊顶进行模拟分析[76]。

4.2.3　材料的本构关系

本构关系是指物理量应力张量与应变张量之间的关系。一般情况下，是指将描述连续介质变形的参量与描述内力的参量联系起来的一组关系式，又称本构方程。对于不同的物质，在不同的变形条件下有不同的本构关系，也称为不同的本构模型。本质上说，就是物理关系，建立的方程称为物理方程，它是结构或者材料的宏观力学性能的综合反映。广义上说，就是广义力-变形（F-D）全曲线，或者说是强度-变形规律。

一般情况下，对于普通钢材来说，本构关系指的是材料的应力-应变关系曲线，同时是钢材本身固有的物理方程。从钢材的材性试验（拉拔试验）中可以得知，钢材的应力-应变本构关系大致可以分为五个阶段：即弹性阶段、弹塑性段、屈服阶段、强化阶段和下降阶段（颈缩阶段）。在弹性阶段，材料的应变随着应力的增加呈现出线性的增加，其中 E 是该材料的弹性模量，因此对于钢材本构关系的定义，在弹性阶段只需输入材料的弹性模量即可适当施加应力。超过了材料的弹性极限时，即进入了弹塑性阶段，该阶段材料的应力-应变关系呈现出曲线关系，此时材料已经开始出现不可恢复的变形；当材料进入屈服阶段时，应力几乎不增长，但是应变出现明显的变化，随后开始进入强化阶段，当材料达到了抗拉极限强度时开始进入颈缩的下降段，随后材料发生断裂，在有限元模拟中，对于钢材的塑性阶段、屈服阶段、强化阶段以及下降阶段均需要通过数据点的输入才能实现。

为了使有限元分析简化，一般情况下对钢结构材料的本构关系采用线-弹塑性本构关系和理想弹塑性本构关系。本书采用理想弹塑性本构关系，如图 4-5 所示。

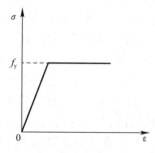

图 4-5　钢材理想弹塑性本构关系

4.3　有限元抗侧移对比分析

4.3.1　新型加固吊顶与普通吊顶概况

新型加固吊顶和普通吊顶在轻钢龙骨选材方面一致，轻钢龙骨方面选择 D38（38×12×1.0）作为主龙骨和选择 D50（50×19×0.5）作为副龙骨。吊杆选择 Φ8 通丝吊杆。吊件和挂件选择 D38 吊件和 C50 挂件。主龙骨跨度（主龙骨方向吊杆间距）为 1350mm，副龙骨跨度（副龙骨方向吊杆间距）为 1000mm。吊杆长度 1500mm。加固斜杆（直径 8mm）长度为 16mm。主龙骨和副龙骨采用挂片连接，主龙骨和吊杆采用吊件连接，吊件与吊杆连接采用双螺母固定，吊杆与楼板采用膨胀螺栓连接。

新型加固吊顶在普通吊顶连接形式的基础上进行加固改造。在大于 1.5m 吊杆中部进行加固，加固形式及尺寸如图 4-2 所示。加固杆材料选择 Φ8 通丝吊杆，如图 4-3 所示。加固部分节点采用螺栓固定连接，节点加固部件如图 4-4 所示。

4.3.2　新型加固吊顶与普通吊顶有限元分析

利用 ABAQUS 有限元软件对新型加固吊顶与普通吊顶进行有限元分析。新型加固形式整体构造及边界条件如图 4-7 所示，一般吊顶构造如图 4-8 所示。因为不考虑轻钢龙骨的翘曲，两者轻钢龙骨材料单元皆选择实体单元，吊杆和加固件同样选取实体单元，材料的弹性模量选为 $2.06×10^5$ N/mm²，泊松比为 0.3，屈服应力为 235MPa，塑性应变为 0，材料类型选择为均质，部件之间均采用绑定连接，吊杆上部采取固定支座，通过两个主龙骨端面耦合于 RP-1 点，对 RP-1 点进行位移加载，加载位移为 100mm。新型加固吊顶加固部分在 ABAQUS 有限元软件建模中简化了实际施工安装方案，通过在节点处放置正方体金属块（边长 8mm），将交汇于节点处吊顶、横杆和斜杆等进行绑定连接。模型中各部分网格划分，如图 4-6 所示。

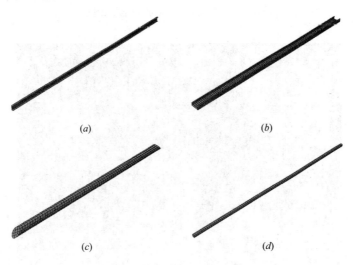

(a)　　　　　　　　　　(b)

(c)　　　　　　　　　　(d)

图 4-6　模型中各部分网格划分

(a) 主龙骨；(b) 副龙骨；(c) 加固斜杆；(d) 吊杆

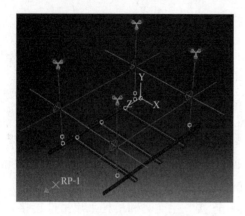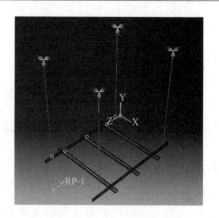

图 4-7　加固吊顶边界条件　　　　　　图 4-8　一般吊顶边界条件

通过模拟可以看出新型加固方式对吊顶整体刚度具有很强抗侧移作用，如图 4-9 和图 4-10 所示。通过观察 ABAQUS 有限元软件计算得到的荷载-位移曲线可以看出，新型

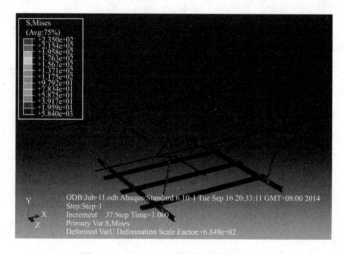

图 4-9　ABAQUS 模型加固吊顶云图

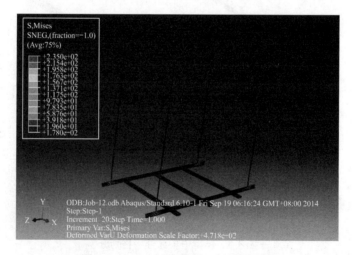

图 4-10　ABAQUS 模型一般吊顶云图

加固形式在跟原有普通吊顶对比时对于吊顶抗侧刚度提升效果十分明显，如图 4-11 所示。

4.3.3　计算结果分析

由图 4-11 可以看出在力相同的情况下，在弹性阶段加固吊顶的抗侧位移比普通吊顶抗侧位移要少 100％以上，能够有效抵抗由主体结构传来的侧向力，使吊顶保持整体稳定性，并避免由于变形导致的顶棚滑落对人的伤害。原因在于加固吊顶加固部分起到侧向支撑的作用，增强了加固吊顶的整体性。

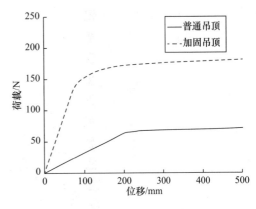

图 4-11　荷载-位移对比曲线

4.4　加固吊顶有限元拟静力分析

4.4.1　加固吊顶及普通吊顶模型的建立

本书采用通用有限元软件 ABAQUS 来模拟分析钢结构建筑加固吊顶的抗震性能。加固吊顶所用吊杆长度为 1500mm，主龙骨长度为 1450mm，副龙骨长度为 1200mm，加固杆尺寸为 141mm，加固横杆尺寸为 1000mm 和 1350mm。边界条件，如图 4-7 所示。轻钢龙骨吊顶材质是 Q235，对 RP-1 点进行位移加载加载位移为 500mm。加载制度如图 4-12 所示。Mises 应力云图如图 4-13 所示。

普通吊顶所用吊杆长度为 1500mm，主龙骨长度为 1450mm，副龙骨长度为 1200mm，边界条件如图 4-8 所示。轻钢龙骨吊顶材质是 Q235，对 RP-1 点进行位移加载加载位移为 500mm。加载制度如图 4-12 所示。Mises 应力云图如图 4-13 所示。

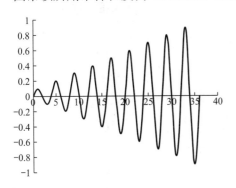

图 4-12　加载制度

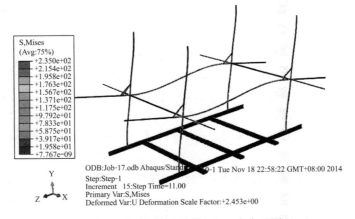

图 4-13　加固吊顶与普通吊顶 Mises 应力云图（一）

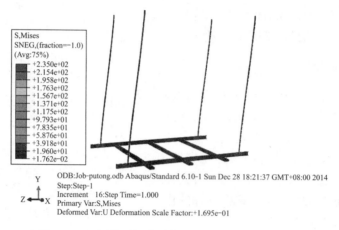

图 4-13　加固吊顶与普通吊顶 Mises 应力云图（二）

4.4.2　滞回曲线分析

在力循环往复作用下，得到加固吊顶的滞回曲线。它反映加固吊顶在反复受荷过程中的变形特征、刚度退化及能量消耗，是确定恢复力模型和进行非线性地震反应分析的依据。如图 4-14 所示，可以看到加固吊顶的滞回曲线饱满，峰值承载力具有对称性且相差不大，表明该结构延性高，耗能性能强。如图 4-15 所示，对比加固吊顶，普通吊顶虽然曲线饱满，但是抗侧向力学性能明显降低。

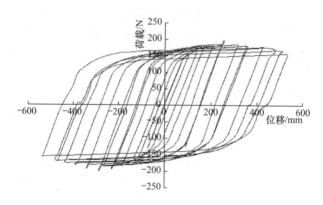

图 4-14　加固吊顶的滞回曲线

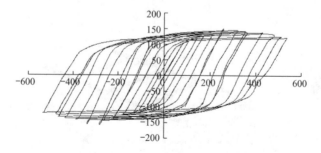

图 4-15　普通吊顶的滞回曲线

加固吊顶的骨架曲线如图 4-16 所示，ABAQUS 模拟的初期骨架曲线基本呈线性状态，说明加固吊顶此刻处于弹性的状态，吊杆及加固部分皆未达到屈服。当正向与反向位移均至 100mm 左右时，曲线的切线斜率逐渐变小，说明此刻部分吊顶构件开始屈服。继续加载，当正向与反向位移均至 250mm 左右时，曲线出现峰值点，而后呈缓慢下降趋势，表现出良好的延性。如图 4-17 所示，普通吊顶的骨架曲线，峰值小于加固吊顶。

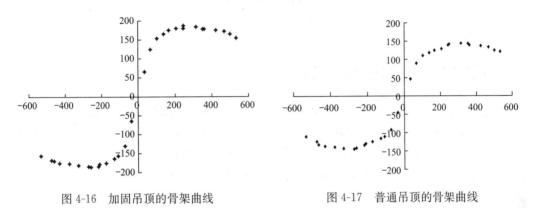

图 4-16　加固吊顶的骨架曲线　　　　　　图 4-17　普通吊顶的骨架曲线

4.5　小结

对有限单元法和 ABAQUS 软件进行简单介绍，本书借鉴国内外关于加固吊顶的设计方法，通过改进节点连接方式（由焊接变为螺栓连接），提出新型加固件，从而改进了现有钢结构建筑轻钢龙骨吊顶抗侧向力学性能。

基于 ABAQUS 模拟对加固吊顶和普通吊顶进行侧向力的有限元分析，从对比可以看出加固吊顶在抗侧向力方面明显优于普通吊顶。对于用于长度大于 1.5m 吊杆的轻钢龙骨吊顶来说，相同尺寸的主龙骨、副龙骨和吊杆，在相同侧向力的作用下，加固吊顶侧向位移少于普通吊顶侧向位移的尺寸。由加固吊顶的滞回曲线可以看出其外形饱满，相对于普通吊顶具有很好的抗震性能。

第5章　轻钢龙骨加固吊顶标准化、模数化、施工标准和验收标准

5.1　轻钢龙骨加固吊顶标准化

标准化是指在经济、科技以及管理的过程中，统一制定相应的规定，颁布实施统一标准，从而提升管理的质量，实现社会经济效益。钢结构建筑轻钢龙骨吊顶系统在以往的研究中，制定了一些行业标准，比如：轻钢龙骨吊顶龙骨截面形式、附属配套构件以及顶棚的类型。加固吊顶的标准化主要体现在其构件的标准化、加固吊顶整体结构的模数化、施工标准化和验收的标准化。

5.1.1　吊顶顶棚的标准化

（1）PVC板：PVC轻钢龙骨吊顶材料，基础材料为聚氯乙烯树脂，将抗老化剂和改性剂等适当加入，历经混炼、压延和真空吸塑等多道工序形成。PVC轻钢龙骨吊顶图案品种较多，可供选择的花色品种有：乳白、米黄和湖蓝等，其可供选择的图案有：昙花、蟠桃、熊竹、云龙、格花、拼花等。这种PVC扣板吊顶特别适用于厨房、卫生间的吊顶装饰，具有重量轻、防潮隔热、清洁不吸尘、不易燃烧、涂饰方便、安装简便、价格低廉等优点，如图5-1所示。规格：20cm宽，长度有2m、4m、6m。

（2）铝扣板：铝扣板是以铝合金板材为基底，通过开料、剪角和模压成型得到，对其表面进行各种不同的涂层加工得到各种铝扣板产品。铝扣板形状有条形、方形和菱形等。铝扣板天花一般用于厨房和卫生间，厨房的顶棚通常为平板型，卫生间的顶棚通常为镂空花型。铝扣板具备阻燃、防腐、防潮的优点，而且装拆方便。如图5-2所示。规格：边长一般在10～15cm之间，厚度有0.55mm、0.6mm、0.7mm、0.8mm。

图5-1　PVC板

图5-2　铝扣板

（3）铝塑板：铝塑复合板是以聚乙烯塑料为芯材，以化学方法处理过的涂装铝板作为

外层材料，经铝塑板专用生产设备生产出的复合材料。铝塑板由薄铝层和塑料层构成，分单面铝塑板和双面铝塑板。装饰性好，用于餐厅、浴室、形象墙、展柜、暖气罩、厨卫吊顶、隔断等造型上，如图 5-3 所示。规格：整张板材是 1220mm×2440mm，厚度一般 3～5mm，大小可随意剪裁。

（4）纸面石膏板：纸面石膏板是以石膏（$CaSO_4 \cdot 2H_2O$）为基本材料，将添加剂和增强纤维适量加入其中，并将板的两面各粘护面纸而成，它具有重量轻、保温隔音、防火、施工方便、绿色环保等诸多特点。纸面石膏板由于建筑市场的需求，其产业迅速发展，产量连年增加。如图 5-4 所示。规格：按材料性能分类，纸面石膏板有普通纸面石膏板、防水纸面石膏板、防火纸面石膏板。按板边形状分，主要有用于暗接缝墙面的模型棱边和用于明接缝或有压条墙面使用的直角棱边两种。轻钢龙骨吊顶用纸面石膏板的厚度有 9.5mm、12mm 和 15mm 等规格，长度有 2400mm、2500mm、2750mm 和 3000mm 等规格，板宽有 900mm 和 1200mm 等规格。常用纸面石膏板种类与尺寸，见表 5-1。

种类	尺寸		
普通纸面石膏板	3000mm×1200mm×9.5mm；3000mm×1200mm×12mm；2400mm×1200mm×9.5mm；2400mm×1200mm×12mm；3000mm×1200mm×15mm		
耐水纸面石膏板	3000mm×1200mm×9.5mm；3000mm×1200mm×12mm；2400mm×1200mm×9.5mm；2400mm×1200mm×12mm		
耐火纸面石膏板	3000mm×1200mm×9.5mm；3000mm×1200mm×12mm；2400mm×1200mm×9.5mm；2400mm×1200mm×12mm		
耐潮纸面石膏板	3000mm×1200mm×9.5mm；3000mm×1200mm×12mm；2400mm×1200mm×9.5mm；2400mm×1200mm×12mm		
普通纤维石膏板	1200mm×1200mm×12mm；1200mm×1400mm×12mm；1200mm×1600mm×12mm		
强纤维石膏板	1200mm×1200mm×15mm；1200mm×1400mm×15mm；1200mm×1600mm×15mm		

纸面石膏板常用类型与尺寸　　　　　　　表 5-1

图 5-3　铝塑板

图 5-4　纸面石膏板

（5）矿棉板：矿棉板以矿渣棉为基材，将不同添加剂适量加入其中，历经配料、成型、干燥、切割、压花和饰面等多道工艺制成。矿棉是矿渣经高温熔化由高速离心机甩出的絮状物，是一种绿色环保、低碳节能和有益无害的绿色新型建筑材料。矿棉板具有隔音、隔热和防火的特点。为了提高矿棉板抗撞击和抗形变能力，使用复合纤维和网状结构基层涂料。矿棉板内部构成表现为立体交叉网状结构，这样可提高矿棉板的吸音和降噪功能，比普通矿棉板吸音效果提高1～2倍。内部添加防潮剂和辅助防潮剂的矿棉板增加了表面纤维抗力，能够有效稳定胶结剂，保持板材强度，并能调节室内湿度，改善居住环境。加入纳米抗菌剂的矿棉板，具有防霉、灭菌、抑菌再生的作用。为了增强表面活性，可以将稀土无机复合材料加入其中，这能将装饰装修过程中其他材料散发的甲醛等有毒物质强力吸附和分解，并且可以进行离子交换，切实增加室内氧离子的浓度以改善生活空间的空气质量。添加具有防火和隔热功能的膨胀珍珠岩的矿棉板具有保温的作用，有效降低制冷和制热费用，符合新时期人们节能和降耗的需求，如图5-5所示。规格：300mm×600mm，600mm×600mm，600mm×1200mm。

（6）夹板：也叫胶合板，将原木进行蒸煮和软化处理，对处理后的原木沿表皮切片，历经干燥、整理、涂胶、组坯、热压和锯边等工序制成，如图5-6所示。特点：a. 夹板（胶合板）同时具备原木的特点和改善天然木材缺陷的特点，比如具有容重轻、强度高、纹理美观、绝缘等天然木材优点，同时弥补了木材截面小、形变和力学各向异性等缺点。b. 生产夹板（胶合板）的过程中能充分利用原木，不产生锯屑，每2.2～2.5m³原木能够生产1m³胶合板，可代替约5m³原木锯成板材使用，而每生产1m³胶合板产品，还可产生剩余物1.2～1.5m³，这是生产中密度纤维板和刨花板比较好的原料。规格：夹板一般长为2440mm，宽为1220mm，厚度分为3厘板、5厘板、9厘板、12厘板、15厘板和18厘板六种规格（1厘即为1mm）。厚度基本可以根据不同的要求生产。

图5-5 矿棉板

图5-6 夹板

（7）格栅吊顶：格栅天花有装拆方便和龙骨不变形等突出特点，更具有层次简明、冲击感强烈、造型多样、防湿防火和通风良好等诸多优点，所以备受装饰装修专业人员喜欢。组合式格栅天花由开放网格设计形成，主框骨、副框骨、次框骨、中间上骨和中间下骨组合成整个顶部网格。600mm×600mm的小方格可以独立拆装，对于顶部有空调、消防和其他管及电器维护非常方便。格栅吊顶适用于各大型商场、休闲会所、酒吧、机场和写字楼等场所吊顶装饰，如图5-7所示。特点：①开透式空间；②优质铝合金板；③有利于通风设施和消防喷淋的布置和安排而不影响整体视觉效果；④可与明架系统配合；⑤色泽均匀一致，户内使用质保10年不变颜色；⑥连接牢固，每件可重复多次装拆；⑦易与各种灯具和装置相配；⑧方便设备维修。规格：标准为10mm或15mm，高度有40mm、60mm和80mm可供选择。铝格栅格子尺寸分别有50mm×50mm、75mm×75mm、100mm×100mm、125mm×125mm、150mm×150mm、200mm×200mm可供选择。片状格栅常规格尺寸为：10mm×10mm、15mm×15mm、25mm×25mm、30mm×30mm、

40mm×40mm、50mm×50mm、60mm×60mm。

（8）彩绘玻璃天花：将多种颜料直接绘于玻璃之上，经烧烤制成，并通过灯光照射呈现出室内优雅的氛围。彩绘玻璃天花拥有大量图案可供选择，可用于室内照明，只能用于局部装饰，如图 5-8 所示。彩绘玻璃吊顶突破了传统的单调和局限，是以玻璃为基材的新一代建筑装饰材料，在居家装饰中焕发出其独特的魅力。选择彩绘玻璃来美化自己的顶棚装饰，不仅能拥有价格便宜、艺术效果较好的感觉，而且安装流程少、拆卸方便。光源以日光灯为主，在彩印玻璃吊顶中放入日光灯，灯与玻璃之间通常为 20cm 的距离，由于其尺寸样式繁多，具体尺寸不做一一介绍，但对于普通办公室或家用 LED 平板灯，其尺寸为300mm×300mm、600mm×600mm、300mm×600mm、300mm×1200mm、600mm×1200mm。

图 5-7　格栅吊顶

图 5-8　彩绘玻璃天花

（9）铝蜂窝穿孔吸声板：将铝蜂窝芯与优质胶粘剂粘接穿孔面板和穿孔背板，从而形成铝蜂窝夹层结构，并在蜂窝芯与面板及背板间贴上一层吸声布。由于蜂窝铝板内的蜂窝芯分隔成众多的封闭小室，阻止了空气流动，使声波受到阻碍，提高了吸声系数（可达到0.9 以上），同时提高了板材自身强度，使单块板材的尺寸可以做到更大，进一步加大了设计自由度。可以根据室内声学设计，进行不同的穿孔率设计，在一定的范围内控制组合结构的吸音系数，既达到设计效果，又能够合理控制造价。通过控制穿孔孔径、孔距，并可根据客户使用要求改变穿孔率，最大穿孔率＜30％，孔径一般选用 $\phi2.0$、$\phi2.5$、$\phi3.0$等规格，背板穿孔要求与面板相同，吸声布采用优质的无纺布等吸声材料。适用于地铁、影剧院、电台、电视台、纺织厂和噪声超标准的厂房以及体育馆等大型公共建筑的吸声墙板、天花吊顶板，如图 5-9 所示。铝蜂窝穿孔吸声板特点：①板面大、平整度高；②板材强度高、重量轻；③吸声效果佳、防火、防水；④安装简便，每块板可单独拆装、更换。

（10）硅钙板：硅钙板基材选用硅酸钙，主要原料由硅质材料（硅藻土、膨润土、石英粉等）、钙质材料和增强纤维等组成，历经制浆、成坯、蒸养和表面砂光等工序而制成的轻质板材，具有质轻、强度高、防潮、防腐蚀、防火等性能，另一个显著特点是它再加工方便，不像石膏板那样再加工容易粉状碎裂。在室内空气潮湿的情况下能吸引空气中水分子、空气干燥时，又能释放水分子，可以适当调节室内干湿度，增加舒适感。硅钙板与纸面石膏板比较，存留了纸面石膏板在表面上的美观大方的特点；质量则低于纸面石膏板，强度韧性远远高于纸面石膏板；纸面石膏板因受潮而变形被彻底改变了，并大大延长了顶棚板材的使用年限。防火方面也胜过矿棉板和纸面石膏板，硅钙板如图 5-10 所示。

常见规格：595mm×595mm、603mm×603mm、1200mm×600mm、300mm×300mm、300mm×600mm。

图 5-9　铝蜂窝穿孔吸音板天花

图 5-10　硅钙板

5.1.2　建筑室内开间进深及尺寸的规定

我国建筑行业开间和进深规定习惯上是把房间的主采光面称为开间（面宽），与其垂直的称为进深。也可根据房间门的朝向来确定开间和进深，房门进入的方向的距离为进深，左右两边距离为开间。在卧室内，以床顺着摆放的方向为开间，床头依靠的墙宽度为进深，《住宅建筑模数协调标准》GBJ 100—87 规定：住宅建筑的开间常采用下列参数：2.1m、2.4m、2.7m、3.0m、3.3m、3.6m、3.9m、4.2m。住宅的进深采用下列常用参数：3.0m、3.3m、3.6m、3.9m、4.2m、4.5m、4.8m、5.1m、5.4m、5.7m、6.0m。

厨房卫生间尺寸：我国《住宅设计规范》中明确规定厨房的最小面积为 $5m^2$，6～$8m^2$ 基本上合适。一般来说，卫生间主要摆放洁具三件套，即洗手盆、坐便器和浴缸或淋浴间，因此应大于 $3m^2$。目前卫生间面积多在 4～$6m^2$，有些时髦的设计将面积提高到 6～$10m^2$ 甚至更多。通常 $120m^2$ 以上的两居室，应有两个卫生间：主卫生间 $6m^2$ 左右，可以从容安排洗手台、坐便器、浴缸；次卫生间 $4m^2$ 左右，安排洗手盆、坐便器和淋浴间。

客厅尺寸：客厅的大小与楼层高度、建筑总面积有关，一般情况下，当房屋总面积为 100～$130m^2$ 时，客厅可选为 30～$35m^2$。当房屋总面积为 $100m^2$ 时，客厅可选为 20～$30m^2$。卧室尺寸：主卧室没有规定严格的尺寸标准，以 15～$18m^2$ 为宜，长宽比以 4：3 为最佳比例。双人主卧室的最小面积为 $12m^2$。公共建筑走廊：商业空间的主要过道尺寸一般设计是 1.8m～2.5m。饭店客房：标准面积为 $25m^2$、16～$18m^2$ 和 $16m^2$ 三种。办公室尺寸：最小为 $12m^2$。会议室：最小办公空间：宽度为 3.3m 左右；长度为 5m。

5.1.3　不同空间形式的吊顶模数化匹配

不同类型设施其所用吊顶类型不同，主要体现在吊顶本身的材质性能，根据《建筑用轻钢龙骨》GB/T 11981—2008 吊顶用主龙骨 DU38/DC38、DU50/DC50 和 DU60/DC60，DU38/DC38 主要用于普通不上人吊顶，DU50/DC50 和 DU60/DC60 用于上人吊顶。主要分类见表 5-2 所示，具体各种吊顶基本组成构件及各种开间配套使用的吊顶，如表 5-3 所示。

各种形式建筑所选择的吊顶材料　　　　　　　表 5-2

建筑类型	空间类型	吊顶材料及吊顶类型选择
居住建筑	厨房或卫生间（湿区）	集成吊顶；铝扣板吊顶；PVC 吊顶
	客厅或卧室等（干区）	石膏板吊顶；夹板吊顶；彩绘玻璃天花吊顶
	卫生间	集成吊顶；铝扣板吊顶；PVC 吊顶
公共建筑	行政办公建筑	石膏板吊顶；矿棉板吊顶
	文教建筑	格栅吊顶
	托教建筑	石膏板吊顶；矿棉板吊顶
	科研建筑	石膏板吊顶；矿棉板吊顶
	医疗建筑	石膏板吊顶；矿棉板吊顶
	商业建筑	格栅吊顶；铝扣板吊顶
	观览建筑	格栅吊顶
	体育建筑	格栅吊顶
	旅馆建筑	石膏板吊顶；矿棉板吊顶
	交通建筑	铝蜂窝穿孔吸音板；格栅吊顶
	通信广播建筑	石膏板吊顶；矿棉板吊顶
工业建筑	装配车间	矿棉板吊顶

各种吊顶基本组成构件　　　　　　　表 5-3

吊顶种类	空间类别	材料组成
PVC 吊顶	卫生间/厨房	对于 2.1m、2.4m、2.7m 和 3.0m 等小空间采用 PVC 板和边条
	卧室	对于 3.3m、3.6m、3.9m 和 4.2m 等大空间采用 DU38 主龙骨、DC50 副龙骨、$\phi6$ 通丝吊杆和 PVC 板
铝扣板吊顶	卫生间/厨房	$\phi6$ 通丝吊杆、DU38 主龙骨、三角烤漆龙骨和收边条
铝塑板	卫生间/厨房	DU38 主龙骨、DC50 副龙骨、$\phi6$ 通丝吊杆和铝塑板
纸面石膏板	卧室/办公室	DU38 主龙骨、DC50 副龙骨、$\phi6$ 或 $\phi8$ 通丝吊杆、收边龙骨纸面石膏板
矿棉板	办公室/工厂/走廊	T 型主龙骨、T 型副龙骨、$\phi6$ 或 $\phi8$ 通丝吊杆、收边龙骨和矿棉板
		上人吊顶采用 DU50、DU60 或者 DC50、DC60 为主龙骨，T 型龙骨为副龙骨、$\phi10$ 通丝吊杆、收边龙骨和矿棉板
夹板吊顶	卧室/客厅	木料、主龙骨、次龙骨、吊筋、圆钉、$\phi6$ 或 $\phi8$ 通丝吊杆、射钉、膨胀螺栓、胶粘剂、木材防腐剂、木材防火涂料和 8 号镀锌铅丝
格栅吊顶	走廊/办公区	$\phi6$ 通丝吊杆和金属格栅
		DU38 主龙骨、DC50 副龙骨、金属格栅
彩绘玻璃天花	卧室	用于吊顶局部装饰通常和其他吊顶形式配合使用
铝蜂窝穿孔吸音板吊顶	地铁/车站/机场	DU38 主龙骨、DC50 副龙骨、$\phi6$ 或 $\phi8$ 通丝吊杆和铝蜂窝穿孔吸音板吊顶
		上人吊顶采用 DU50、DU60 或者 DC50、DC60 为主龙骨，DC60 为副龙骨、$\phi10$ 通丝吊杆、收边龙骨和铝蜂窝穿孔吸声板
硅钙板吊顶	卧室/办公室	DU38 主龙骨、DC50 副龙骨、$\phi6$ 或 $\phi8$ 通丝吊杆和硅钙板

　　对于规则长方体空间（正方体），不同开间进深房间顶棚板材用量，见式（5-1）。板材最大用量为 y，开间为 t_1，进深为 t_2，单片板材的尺寸为 $m_1 \times m_2$。

$$y = \left\{ \left[\frac{t_1}{m_1} \right] + 1 \right\} \left\{ \left[\frac{t_2}{m_2} \right] + 1 \right\} \qquad (5-1)$$

5.1.4 加固吊顶构件的标准化

加固吊顶构件的标准化分两部分，一个是普通吊顶构件的标准化，另一个是加固件的标准化。普通吊顶构件在第1章较为详细地介绍了，包括膨胀螺栓、吊杆、吊件、挂件、主龙骨、副龙骨和罩面板（顶棚）。本书通过研究普通吊顶，对其采取加固措施，提出几种加固件形式和加固件。加固件的标准化分三部分，第一部分对吊杆进行加固标准化，提高其侧向刚度；第二部分对吊件进行加固标准化；第三部分对挂件进行加固标准化。

1. 对吊杆的加固标准化：加固件及其构造形式如图4-2～图4-4所示。

2. 对吊件的加固标准化：加固件及其构造形式如图2-16和图2-17所示。

3. 对挂件的加固标准化：加固件及其构造形式如图2-14和图2-15所示。

对于不同开间进深的空间尺寸，吊杆加固部位形式有所变化，具体变化参数为：长度大于1.5m的吊杆，用于开间为2.1m、2.4m、2.7m、3.0m、3.3m、3.6m、3.9m、4.2m，同时进深小于6m的空间。吊杆加固方式采用隔行加固措施，所谓隔行加固就是沿着主龙骨方向每隔一个吊杆进行加固，如图5-11所示。加固杆截面直径为8mm。新型加固形式采用以吊杆为中心，吊杆与横杆1和横杆2正交，横杆2平行于主龙骨方向，横杆1垂直于主龙骨方向，增加三个斜杆搭接在吊杆、横杆1和横杆2上。具体连接形式为横杆1、横杆2和吊杆正交与吊杆中点；斜杆1两端分别搭接于横杆1和吊杆；斜杆2两端分别搭接于横杆1和横杆2；斜杆3两端分别搭接于横杆2和吊杆。横杆1与横杆2搭接点距横杆1与斜杆1搭接点距离点100mm；横杆1与斜杆1搭接点与横杆1与斜杆2搭接点为20mm。横杆2与吊杆搭接点和横杆2与斜杆3搭接点为100mm；横杆2与斜杆3搭接点和横杆2与斜杆2搭接点距离为20mm。斜杆1长度为150mm，凹槽距离为141.42mm；斜杆2长度为190mm，凹槽距离为175.45mm；斜杆3长度为170mm，凹槽距离为150.17mm。第一种加固构件尺寸如图5-12和图5-13所示。

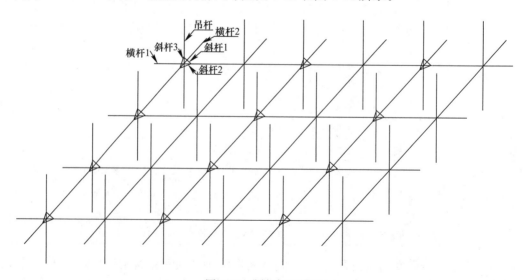

图5-11 隔行加固措施

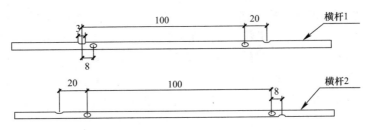

图 5-12 横杆 1 和横杆 2 的第一种尺寸

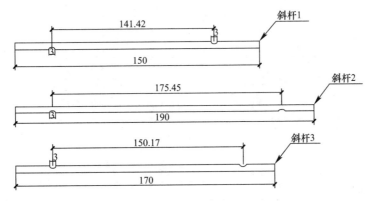

图 5-13 斜杆 1、斜杆 2 和斜杆 3 的第一种尺寸

对于开间大于 4.2m 进深大于 6m，但面积小于 1000m² 的空间，吊杆加固方式采用全加固的方式，所谓全加固就是沿着主龙骨方向对每一个吊杆进行加固，如图 5-14 所示。加固杆截面直径为 8mm。横杆 1、横杆 2 和吊杆交汇点为吊杆中点。新型加固形式采用以吊杆为中心，吊杆与横杆 1 和横杆 2 正交，横杆 2 平行于主龙骨方向，横杆 1 垂直于主龙骨方向，增加三个斜杆搭接在吊杆、横杆 1 和横杆 2 上。具体连接形式为横杆 1、横杆 2 和吊杆正交与吊杆中点；斜杆 1 两端分别搭接于横杆 1 和吊杆；斜杆 2 两端分别搭接于横

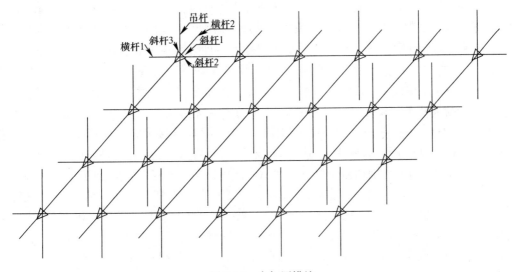

图 5-14 全加固措施

杆1和横杆2；斜杆3两端分别搭接于横杆2和吊杆。横杆1与横杆2搭接点距横杆1与斜杆1搭接点距离点150mm；横杆1与斜杆1搭接点与横杆1与斜杆2搭接点为20mm。横杆2与吊杆搭接点和横杆2与斜杆3搭接点为150mm；横杆2与斜杆3搭接点和横杆2与斜杆2搭接点距离为20mm。斜杆1长度为210mm，凹槽距离为212.13mm；斜杆2长度为260mm，凹槽距离为246.14mm；斜杆3长度为230mm，凹槽距离为220.78mm。横杆和斜杆的第二种尺寸，如图5-15和图5-16所示。

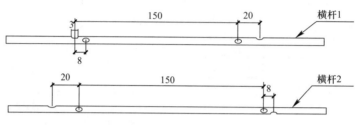

图5-15 横杆1和横杆2的第二种尺寸

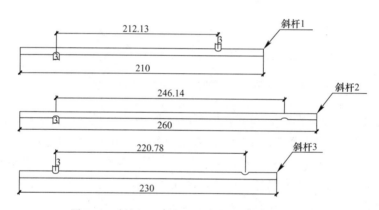

图5-16 斜杆1、斜杆2和斜杆3的第二种尺寸

对于面积大于1000m²的空间，吊杆加固方式用全加固的方式，如图5-14所示。除了对吊杆进行加固之外，还应在整个吊顶的端部加入角钢斜杆支撑，具体操作方法为将角钢∠30×30×3两端分别固定于楼板和吊顶主龙骨上，且角钢与主龙骨构成的平面垂直于楼板，如图1-3所示。沿主龙骨方向每隔12m加焊主龙骨一道（垂直于主龙骨）。加固杆截面直径为10mm。横杆1、横杆2和吊杆交汇点为吊杆中点。新型加固形式采用以吊杆为中心，吊杆与横杆1和横杆2正交，横杆2平行于主龙骨方向，横杆1垂直于主龙骨方向，增加三个斜杆搭接在吊杆、横杆1和横杆2上。具体连接形式为横杆1、横杆2和吊杆正交于吊杆中点；斜杆1两端分别搭接于横杆1和吊杆；斜杆2两端分别搭接于横杆1和横杆2；斜杆3两端分别搭接于横杆2和吊杆。横杆1与横杆2搭接点距横杆1与斜杆1搭接点距离为200mm；横杆1与斜杆1搭接点与横杆1与斜杆2搭接点为20mm。横杆2与吊杆搭接点和横杆2与斜杆3搭接点为200mm；横杆2与斜杆3搭接点和横杆2与斜杆2搭接点距离为20mm。斜杆1长度为300mm，凹槽距离为282.84mm；斜杆2长度为330mm，凹槽距离为316.83mm；斜杆3长度为300mm，凹槽距离为291.45mm。如图5-17和图5-18所示。

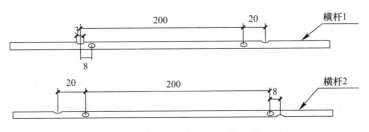

图 5-17　横杆 1 和横杆 2 的第三种尺寸

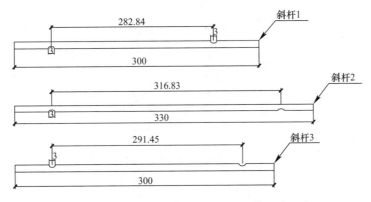

图 5-18　斜杆 1、斜杆 2 和斜杆 3 的第三种尺寸

5.2　吊顶的模数及模数协调原则和加固吊顶整体结构的模数定位方法

建筑模数化设计是标准化的一种表现形式，以使建筑构配件和组合件实现规模化生产，并使不同形式、不同制造方法和不同材料的建筑构配件、组合件符合一定模数与标准，可达到较大通用性和互换性的目的，最终实现加快设计速度，提高施工质量和效率，综合降低建筑成本。不同轻钢龙骨截面的吊顶在进行加固之后其模数将会有所变化。模数化是建筑设计标准化、施工机械化、装配化、构件生产工厂化的必由之路。模数化可以提高施工效率、节约建筑材料和减少建筑垃圾。

5.2.1　吊顶的模数及模数协调原则

《建筑模数协调标准》GB/T 50002—2013 规定 "基本模数的数值应为 100mm（1M 等于 100mm）。整个建筑物和建筑物的一部分以及建筑部件的模数化尺寸，应是基本模数的倍数。" 考虑装饰板材与主体结构的开间进深相差一个数量级，从 10mm 到 100mm 是 10 的倍数选取，只有 10mm、20mm 和 50mm 选取，从吊顶龙骨实际定位和方便施工的角度，规定吊顶基本模数为 50mm（1M 等于 50mm）整个吊顶系统单位应是模数化尺寸，应是基本模数的倍数。导出模数应分为扩大模数和分模数，其基数应符合下列规定：

1. 扩大模数基数应为 2M，3M，6M，9M，12M 等。
2. 分模数基数应为 M/10，M/5，M/2。

吊顶模数网格由正交的基准线构成，连续基准线之间的距离应符合模数。

5.2.2 U/C 型轻钢龙骨吊顶模数定位方法

（1）确定造型位置线：对于较规则的室内空间，以任意处墙面作为参照物确定吊顶造型位置，然后确定室内空间其他位置处的水平线。对于不规则的空间采用找点法，根据施工图纸测出造型位置线。U/C 型轻钢龙骨吊顶定位示意图，如图 5-19 所示。

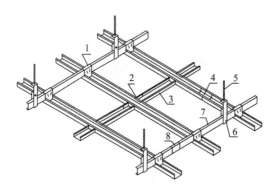

图 5-19　U/C 形轻钢龙骨吊顶定位示意图
1—挂件；2—挂插件；3—覆面龙骨；4—覆面龙骨连接件；5—吊杆；6—吊件；
7—承载龙骨；8—承载龙骨连接件。

（2）确定吊点位置：双层轻钢 U/C 型龙骨骨架吊点间距≤24M。

（3）确定主龙骨和副龙骨跨度：主龙骨跨度≤24M，副龙骨跨度≤20M，主龙骨端部距墙体小于 6M。

（4）确定边龙骨位置：用高强水泥钉将边龙骨沿标高线（墙面或柱面）固定，钉与钉之间的距离不应大于 10M。

（5）确定罩面板位置：U/C 型轻钢龙骨吊顶采用自攻螺钉钉固法，先从顶棚中间顺通长次龙骨方向装一行罩面板，以此作为基准，然后向两侧伸延分行安装，固定罩面板的自攻螺钉间距为 3M～3.5M。钉帽应凹进罩面板表面以内 1mm。

5.2.3 T 型轻钢龙骨吊顶模数定位方法

（1）确定造型位置线：和 U/C 型轻钢龙骨吊顶相同。T 型轻钢龙骨吊顶定位示意图如图 5-20 所示。

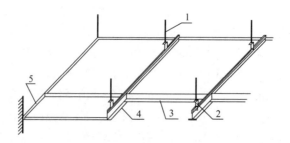

图 5-20　T 型轻钢龙骨吊顶示意图
1—吊杆；2—吊件；3—次龙骨；4—主龙骨；5—边龙骨。

（2）确定吊点位置：双层轻钢 T 型龙骨骨架吊点间距≤24M；单层骨架吊顶吊点间距为 16M～30M（视顶棚板材料密度、厚度、强度、刚度等性能而定）。

（3）确定主龙骨跨度：主龙骨跨度≤24M，主龙骨端部距墙体小于 6M。

（4）确定边龙骨位置：用高强水泥钉将边龙骨沿标高线（墙面或柱面）固定，钉与钉之间的距离不应大于 10M。

（5）确定罩面板位置：当轻钢龙骨截面为 T 型时，运用托卡固定法固定顶棚。T 型轻钢骨架的通长次龙骨安装工程完毕，检验标高、间距和平直度达到规定之后，垂直于通长次龙骨弹分块及卡档龙骨线。

5.2.4　H 型轻钢龙骨吊顶主龙骨模数定位方法

（1）确定造型位置线：和 T 型轻钢龙骨吊顶相同。H 型轻钢龙骨吊顶定位示意图如图 5-21 所示。

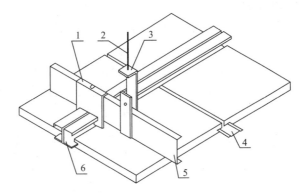

图 5-21　H 型轻钢龙骨吊顶定位示意图
1—挂件；2—吊杆；3—吊件；4—插片；5—承载龙骨；6—H 型龙骨。

（2）确定吊点位置：双层轻钢 H 型龙骨骨架吊点间距≤24M；单层骨架吊顶吊点间距为 16M～30M（视顶棚板材料密度、厚度、强度、刚度等性能而定）。

（3）确定主龙骨跨度：主龙骨跨度≤24M；主龙骨端部距墙体小于 6M。

（4）确定边龙骨位置：用高强水泥钉将边龙骨沿标高线（墙面或柱面）固定，钉与钉之间的距离不应大于 10M。

（5）确定罩面板位置：当轻钢龙骨截面为 T 型时，运用托卡固定法固定顶棚。T 形轻钢骨架的通长次龙骨安装工程完毕，检验标高、间距和平直度达到规定之后，垂直于通长次龙骨弹分块及卡档龙骨线。

国内顶棚形状已经做到模数化，常见的顶棚板材尺寸有 450mm×450mm、500mm×500mm 和 600mm×600mm，对其进行模数化尺寸为 9M×9M、10M×10M 和 12M×12M。而在吊点模数化方面受制于轻钢龙骨材料与顶棚板材的不同在施工工艺指导方面只给出一个大致的范围。

5.2.5　加固吊顶整体结构的模数定位方法

（1）确定造型位置线：加固吊顶是一种采用加固措施的吊顶的统称，并不是指具体种类吊顶，所以造型位置线的确定和其他类型吊顶相同。

（2）确定吊点位置：双层轻钢 U/C 型龙骨骨架吊点间距≤26M。双层轻钢 H 形龙骨骨架吊点间距≤26M；单层骨架吊顶吊点间距为 16M～30M（视顶棚板材料密度、厚度、强度、刚度等性能而定）。

（3）确定加固位置：对于吊杆长度大于 1.5m 的情况，将吊杆加固方案定位于吊杆中点位置，且对所有吊杆进行加固；将加固吊件和加固挂件安装在每个吊件和挂件上。吊杆加固部分如图 5-14 所示，相应的横杆和斜杆的尺寸如图 5-15 和 5-16 所示。对于开间进深及用途不同的房屋，加固吊杆的方案适用于各种板材的吊顶，加固吊件和加固挂件的方案只适用于轻钢龙骨吊顶形式，具体指的是主龙骨 D38 和副龙骨 C50 以及主龙骨 D50 和副龙骨 C60 的情况，对其他吊顶形式不适用，原因在于其龙骨截面形式不同，比如：铝扣板吊顶、矿棉板吊顶和集成吊顶等。

（4）确定主龙骨和副龙骨跨度：双层轻钢 U/C 型龙骨骨架主龙骨跨度≤26M。双层轻钢 T/H 型龙骨骨架主龙骨跨度≤26M。

（5）确定边龙骨位置：边龙骨宜沿墙面或柱面标高线钉牢。固定时，一般常用高强水泥钉，钉的间距不宜大于 10M。

（6）确定罩面板位置：U/C 型轻钢龙骨吊顶采用自攻螺钉钉固法，先从顶棚中间顺通长次龙骨方向装一行罩面板，以此作为基准，然后向两侧伸延分行安装，固定罩面板的自攻螺钉间距为 3M～3.5M。钉帽应凹进罩面板表面以内 1mm。

5.3 吊顶施工标准

5.3.1 施工准备

本书对于钢结构建筑加固吊顶原材料的准备和普通吊顶原材料的准备过程类似，区别在于相对于吊顶，加固吊顶增加了加固件。

（1）主龙骨与副龙骨（次龙骨）：在钢结构建筑加固吊顶系统中，主龙骨和副龙骨是主要的受力构件。其中，主龙骨承受副龙骨（次龙骨）传递集中荷载，副龙骨承受顶棚（覆面板）传递均布荷载。对于主副龙骨的选型应根据实际工程需求选上人吊顶类型和不上人吊顶类型的。根据《建筑用轻钢龙骨》GB/T 11981—2008 按照截面不同分为 U 型、C 型、T 型、H 型、V 型和 L 型，其中 L 型为边龙骨（起到收边作用并不受力）。按照吊顶系统组成分为 U/C 型轻钢龙骨吊顶系统、T 型轻钢龙骨吊顶系统、H 型轻钢龙骨吊顶系统和 V 型直卡式轻钢龙骨吊顶系统。具体类型尺寸如表 1-1 所示。另外烤漆龙骨系统和铝合金龙骨系统，两者截面类似。铝合金龙骨吊顶系统所用材料分为三部分，第一部分是主龙骨（大 T），第二部分是副龙骨（小 T），三是修边角。大 T 形龙骨一般为 3m，小 T 形龙骨一般长度为 610mm。

（2）零配件：吊杆一般为螺杆，按照直径不同分为轻型（不上人吊顶）和重型（上人吊顶），轻型一般直径为 6mm 和 8mm，重型一般直径为 10mm。此外，还有吊挂件（与主副龙骨类型配套）、连接件、膨胀螺栓、挂插件（与主副龙骨类型配套）、与吊杆直径相配套的螺母、射钉、花篮螺丝和自攻螺钉等。

（3）顶棚材料：常用顶棚种类有矿棉板（可与铝合金龙骨系统或者烤漆龙骨系统配套使用）、铝扣板（可与烤漆龙骨系统连接）、纸面石膏板、PVC（在开间不大的情况下可单独使用）、夹板、铝塑板、格栅吊顶、彩绘玻璃天花、铝蜂窝穿孔吸声板。

（4）加固件：吊杆加固；吊件加固；挂件加固。

（5）施工工具：水准仪；水平尺；铝合金靠尺；钢卷尺；电动针束除锈机；手提电动砂轮机；型材切割机；手提式电动圆锯；电钻；电锤；自攻螺钉钻；射钉枪；液压升降台；无齿锯；手刨子；钳子；手锤；螺丝刀；活扳手；方尺；刷子。

（6）作业条件：对于上人吊顶应在预制混凝土楼板或者现浇混凝土楼板预置 $\phi6\sim\phi10$ 钢筋吊杆，一般间距为 18M～24M。此间距通常为主龙骨跨度；室内防水工程及湿作业完成；在吊顶进行施工之前，必须将楼板下吊顶内的各种管线及设备安装完毕并通过验收；吊顶相关材料及施工工具准备齐全。

5.3.2　施工工艺

在施工工艺中，加固吊顶施工工艺源自普通吊顶施工工艺，只是加固件的安装穿插在普通吊顶施工中。本节借鉴普通吊顶施工工艺标准，加入吊杆加固构件，吊件加固构件和挂片加固构件，形成加固吊顶的施工工艺标准。

工艺流程：普通吊顶施工流程图和加固吊顶施工流程图，如图 5-22 和图 5-23 所示。

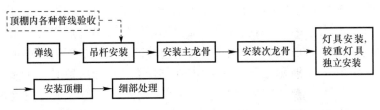

图 5-22　钢结构建筑普通轻钢龙骨吊顶施工工艺流程图

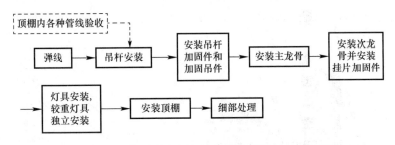

图 5-23　钢结构建筑加固轻钢龙骨吊顶施工工艺流程图

操作工艺：

（1）弹线包括：标高线、顶棚造型位置线、吊挂点布置线、大中型灯位线。

安装标高线：由+50cm 水平线，用尺量至顶棚的设计标高划线、弹线。如果+50cm 水平线偏差较大，可利用连通器原理用水管确定墙面同一高度+50cm 水平线，其偏差不可大于 3mm。

吊顶结构位置线：对于较规则的室内空间，以任意处墙面作为参照物确定吊顶造型位置，然后确定室内空间其他位置处的水平线。对于不规则的空间采用找点法，根据施工图纸测出造型位置线。

吊顶吊挂点位置：双层骨架轻钢 U/T 型龙骨吊点之间的距离应小于等于 24M，单层骨架吊点之间的距离为 16M～30M（视顶棚材料质地确定）。如果要构造平面吊顶，应严格确定水平高度保证天花的平整性。对于轻钢龙骨吊顶受力不均的情况下，应在受力较大处增加吊杆，以维持吊顶整体稳定性。对于重量较大的灯具或者检修口应增加吊杆进行吊挂。

（2）吊杆的安装：在吊杆安装之前首先确定吊杆尺寸以及吊杆直径，吊杆及其紧固件与楼面板及屋面板连接固定有四种常见的连接方式：第一种方法用 M8 或 M10 膨胀螺栓将∠25×3 或∠30×3 角钢固定在楼板底面上。注意钻孔深度应≥60mm，打孔直径略大于螺栓直径 2～3mm。第二种方法用 $\phi5$ 以上的射钉将角钢或钢板等固定在楼板底面上。第三种方法浇捣混凝土楼板时，在楼板底面（吊点位置）预埋铁件，可采用 150mm×150mm×6mm 钢板焊接 $4\phi8$ 锚爪，锚爪在板内锚固长度不小于 200mm。第四种方法采用短筋法在现浇板浇筑时或预制板灌缝时预埋 $\phi6$、$\phi8$ 或 $\phi10$ 短钢筋，要求外露部分（露出板底）不小于 3M。

（3）主龙骨的安装：根据规划好的主龙骨方向，将主龙骨安装在吊杆端部挂件上，注意主副龙骨的安装方向，同时主龙骨端部不可靠在墙上，与墙距离小于 6M，当大于 6M 时应增加吊杆。对于上人吊顶悬挂主龙骨，采取措施是用吊环将主龙骨箍住，同时用工具夹紧，目的是既要挂住主龙骨，也要防止主龙骨水平摆动。对于不上人吊顶悬挂主龙骨，通常就是运用吊件进行连接，在钢结构建筑加固吊顶要运用吊件加固件增强吊件刚度以抵抗扭矩的作用。对于大空间吊顶，主龙骨需要用连接件接长错位安装，也可以通过点焊连接。连接件形式如图 5-24 所示。当室内大空间采用轻钢龙骨吊顶时，比如：展厅、食堂和礼堂等场所，应每隔 12m 在主龙骨上部焊接横卧主龙骨一道（垂直主龙骨方向并贯穿垂直主龙骨的方向）。以加强主龙骨侧向稳定性及轻钢龙骨吊顶整体的稳定性。按照标高线控制主龙骨就位，以一个房间为单位进行调平处理，运用水平尺调整局部吊顶平直，对大范围以水平线调整，并将中间部分略有起拱，起拱高度一般情况下不小于房间短向跨度的 1/200～1/300。

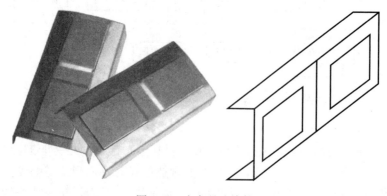

图 5-24　主龙骨连接件

（4）副龙骨的安装及加固挂件的使用：使用主龙骨与副龙骨配套的挂件将其二者连接固定，固定位置在主龙骨与次龙骨的交叉点处，轻钢龙骨吊顶挂件上部钩挂在主龙骨上，下部钩挂住副龙骨。将两片加固挂件安装在主龙骨的两侧并连接副龙骨。主副龙骨连接形式，如图 5-25 所示。

（5）安装横撑龙骨：横撑龙骨用中、小龙骨截取，其方向与中、小龙骨垂直，装在罩面板的拼接处，底面与中、小龙骨平齐，如装在罩面板内部或者作为边龙骨时，宜用小龙骨截取。横撑龙骨与中、小龙骨的连接，采用配套挂插件（或称龙骨支托）或者将横撑龙骨的端部凸头插入覆面次龙骨上的插孔进行连接。

图 5-25　主龙骨与次龙骨连接

（6）边龙骨固定：边龙骨宜沿墙面或柱面标高线钉牢。固定时，一般常用高强水泥钉，钉的间距不宜大于 10M。如果基层材料强度较低，紧固力不好，应采取相应的措施，改用膨胀螺栓或加大钉的长度等办法。边龙骨一般不承重，只起封口作用。

（7）罩面板安装：对于轻钢龙骨吊顶，罩面板材安装方法有明装、暗装、半隐装三种。明装是纵横 T 型龙骨骨架均外露、饰面板只要搁置在 T 型两翼上即可的一种方法。暗装是饰面板边部有企口，嵌装后骨架不暴露。半隐装是饰面板安装后外露部分骨架的一种方法。罩面板与轻钢骨架固定的方式分为：罩面板自攻螺钉钉固法，罩面板胶结粘固法和罩面板托卡固定法。罩面板自攻螺钉钉固法和罩面板胶结粘固法一般用于顶棚平铺的情况，比如纸面石膏板用作罩面板的情况。其中固定罩面板的自攻螺钉间距为 3M～3.5M，钉帽应凹进罩面板表面以内 1mm。罩面板胶结粘固法将每块罩面板粘结时应预装，然后在预装部位龙骨框底面刷胶，同时在罩面板四周边宽 10～15mm 的范围刷胶，过 2～3min 后，将罩面板压粘在预装部位，每间顶棚先由中间行开始，然后向两侧分行粘结。

（8）细部处理：轻钢龙骨吊顶端部与内墙、柱立面接触部位有三种接触方式：一是留槽式；二是间隙式；三是平接式。注意给安装烟感器和喷淋头水管预留恰当尺寸，并且在其 16M 尺寸内禁止放阻碍管线的物品。

（9）吊顶加固方案：关于吊顶加固方面，当吊杆长于 1.5m 时，应对吊杆进行加固处理，首先在吊杆上描点确定加固位置，一般为吊杆中点，将带有槽口的横杆 1 和横杆 2 与吊杆进行连接并安装加固杆两侧固件，然后依次安装斜杆 1、斜杆 2 和斜杆 3 并安装相应加固杆两侧固件，并用相应的紧固件通过螺栓拧紧。吊件紧固件的安装：吊件结构是开口的，通过加固件紧固，将开口的吊件变成闭口。施工工序，在主龙骨搭载吊件时，用螺栓将加固件固定在吊件上。使吊件增强抵抗由主龙骨传递的扭矩。因此，通过吊件加固件加固吊件，能够明显增强轻钢龙骨吊顶系统整体承载能力。

5.4　吊顶验收质量标准

5.4.1　主控项目

（1）吊顶标高距离、尺寸大小、起拱高度和构造形式应符合设计要求。

检查方法：肉眼观察；量具测量。

（2）顶棚材料的质地、种类、规格、花色和图案应符合图纸要求。

检查方法：肉眼观察；查看产品合格证书、性能检测报告、进场验收记录和复验报告。

（3）吊顶构件安装必须牢固，例如：吊杆、主（副）龙骨和顶棚材料之间的安装。

检查方法：肉眼观察；人工检查；查看隐蔽工程施工报告及验收报告。

（4）吊顶构件的质地、规格参数、主（副）龙骨安装间距及构件间的连接方式必须与设计要求一致。采取防腐措施处理金属吊杆和主（副）龙骨。

检查方法：肉眼观察；尺量检查；查看产品合格证书、性能检测报告、进场验收记录和隐蔽工程验收报告。

（5）按照纸面石膏板施工工艺标准，对其板缝防裂处理。对于双层石膏板的施工安装，上下两层板（面层板与基层板）的位置应错开，特别是接缝处不能在同一位置，而且接缝不允许出现在同一根龙骨上。

检查方法：肉眼观察。

5.4.2 加固项目要求

（1）吊杆加固连接部位应符合设计要求。对于吊杆加固处，加固杆的槽口应互相对准，严格按照设计要求施工。加固部分的杆件的制作，严格按照设计要求生产。

检查方法：肉眼观察；尺量检查。

（2）对于加固吊件和加固挂件，在施工过程中加固件安装到位，连接必须牢靠。

检查方法：肉眼观察。

5.4.3 一般项目

（1）顶棚材料表面颜色一致无杂质，不应有任何缺陷，比如：弯曲、裂缝及损伤。压条需具有平直和宽窄一致的特点。

检查方法：肉眼观察；尺量检查。

（2）顶棚上的灯具、烟感器、喷淋头、风口箅子等设备的位置应符合美观、实用的原则，与顶棚的交接应吻合、严密。

检查方法：肉眼观察。

（3）金属构件（吊杆和龙骨）的接缝应具备均匀性和一致性的原则，边角接缝处应相互吻合，其表面应平整、无翘曲和锤印。

检查方法：检查隐蔽工程验收记录和施工记录。

（4）吊顶内填充吸声材料的品种和铺设厚度应符合设计要求，并应有防散落措施。

检查方法：检查隐蔽工程验收记录和施工记录。

5.4.4 其他项目要求

（1）吊顶与吊挂（楼板）之间应设置安全结构保护措施；对于高大空间有较多管线的情况，吊顶内应设置检修的空间，并根据需要设置检修走道和便于进入吊顶的人孔，且应符合有关防火及安全要求；

（2）对于吊顶内管线较多和空间狭窄的情况，人无法进入检修的时候，可采取方便安装和拆卸的装配式吊顶板或者在拆卸的位置设置检修手孔；

（3）吊顶内敷设有上下水管时应采取防止产生冷凝水措施；

（4）当房间潮湿时，顶棚应采用防水材料和防结露、滴水的措施；钢筋混凝土顶板宜采用现浇板。

5.5　小结

本章对钢结构建筑轻钢龙骨吊顶进行吊顶的加固件进行标准化，根据第 4 章的试验现象，按照现有吊顶用吊件和挂件的尺寸，提出加固吊顶节点新形式。按照建筑使用功能不同和模数，对吊顶进行归类，方便用户进行菜单式的选择。根据现有轻钢龙骨吊顶的施工标准，制定钢结构加固吊顶施工标准和验收标准。

第6章 架空地板构造系统受力性能的试验研究

6.1 引言

为了研究架空地板在装修一体化体系中的构造系统受力性能及可操作性，以现有横梁的力学性能为基础，并考虑到功能使用的要求，设计出冷弯帽型钢这种新型横梁截面，冷弯帽型钢有很好的抗弯能力和抗扭能力，并且地板镶嵌入横梁围成的方格内，增加了地板上方有效的使用高度。所选取的冷弯帽型钢横梁，对于其受力性能及受力性能的影响因素不是很清楚。本书针对上述问题，对新型冷弯帽型钢横梁与方钢横梁进行试验研究，最终通过试验分析提出冷弯帽型钢横梁的构造设计尺寸，并结合新型横梁综合研究架空地板系统的设计定位方法、施工安装技术、构造要求等标准化方面的内容，在模数化设计方面提出建议。试验在正常使用范围内，采用现场堆沙袋的加载方式，所有测点数据均由静态应变仪完成采集。通过一系列关于冷弯帽型钢横梁与方钢横梁受力性能的试验研究，得出两种横梁试件的受力机理、参数影响、荷载-位移曲线等。

6.2 试验概况

6.2.1 试件设计与制作

本书设计 3 根不同截面尺寸的冷弯帽型钢横梁和 1 根方钢横梁，两种横梁均采用 Q235 钢。方钢横梁试件编号为 FL，其截面尺寸为 30mm×20mm×1.2mm，试件长度为 570mm；冷弯帽型钢横梁考虑 2 个参数：翼缘宽度（15mm、20mm）、壁厚（1.2mm、1.5mm），其截面如图 6-1 所示，试件尺寸参数如表 6-1 所示。支架由上托板、螺杆、锁紧螺母、支撑管和下托板组成，上托板厚度为 2.5mm，下托板厚度为 3mm。冷弯帽型钢横梁采用直卷边，以方钢横梁的搭接尺寸为基础，对其搭接尺寸进行设计。帽型钢横梁搭接上托板尺寸图为轴对称图形，其设计尺寸如图 6-2 和 6-3 所示。

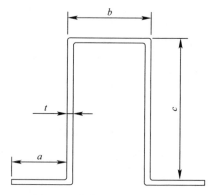

图 6-1 冷弯帽型钢横梁截面

冷弯帽型钢横梁截面尺寸参数　　　　表 6-1

试件名称	钢	长度（mm）	截面尺寸 $a×b×c$（mm×mm×mm）	壁厚 t（mm）
ML-1		570	10×15×30	1.2
ML-2	Q235	570	10×20×30	1.2
ML-3		570	10×15×30	1.5

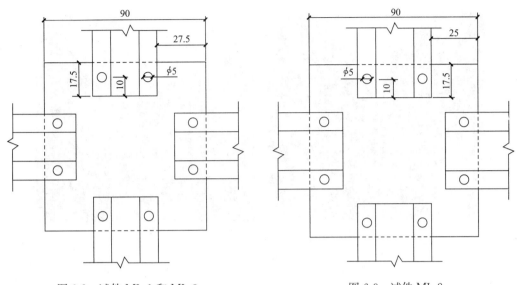

图 6-2　试件 ML-1 和 ML-3　　　　　　　　图 6-3　试件 ML-2

支架通常分为标准支架、加强支架和超强支架，此外，还有两种特殊用途的支架：斜坡支架、收边支架。标准支架一般为 $\phi22\text{mm}$ 圆管，加强支架适用于对承载力有更高要求的场所，与标准支架相比，支撑管受力性能有所加强，具有更好的承载效果，支撑管直径通常为 $\phi25\text{mm}$、$\phi28\text{mm}$、$\phi32\text{mm}$ 等。超强支架是在加强支架的基础上进行支撑管受力性能的再次加强，其承载力也更高，支撑管直径有 $\phi38\text{mm}$、$\phi45\text{mm}$、$\phi73\text{mm}$ 等，但在一般情况下很少应用。

支架高度一般在 $100\sim1000\text{mm}$ 之间，若架空层中安装空调管道，其高度一般要求在 400mm 以上。试验采用直径为 22mm 的圆管标准支架，如图 6-4 所示。

试件的制作统一在沈阳市兴明钢铁厂完成，采用轧制机弯折成试验所需要的截面尺寸。在横梁跨中的腹板及翼缘底部表面相应位置用打磨机进行打磨，然后用酒精擦洗打磨处。由于粘贴技术对试验影响很大，要取得良好的效果，必须具有相应的胶粘剂，本实验采用 502 胶水涂在应变片端子及背面，使其牢固粘贴在打磨位置处，并用万用表检测其阻值是否在 $120\pm0.5\Omega$ 范围内，然后缠上绝缘胶带，试件如图 6-5 所示。

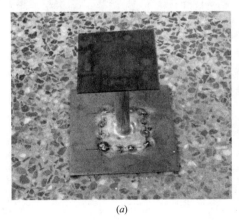

(a)　　　　　　　　　　　　　　　(b)

图 6-4　横梁支架（一）

(a) 冷弯帽型钢横梁支架；(b) 方钢横梁支架

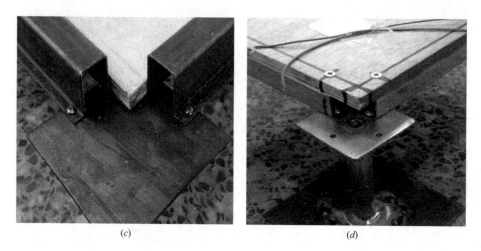

(c)　　　　　　　　　　　　　　(d)

图 6-4　横梁支架（二）

（c）冷弯帽型钢横梁及支架搭接形式；（d）方钢横梁及支架搭接形式

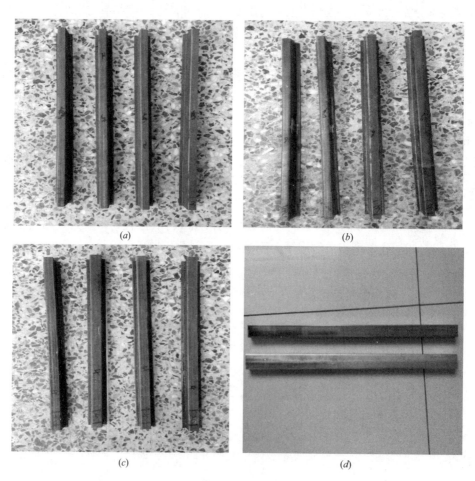

(a)　　　　　　　　　　　　　　(b)

(c)　　　　　　　　　　　　　　(d)

图 6-5　试件（一）

（a）试件 ML-1；（b）试件 ML-2；（c）试件 ML-3；（d）试件 FL

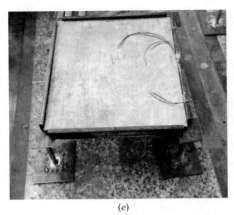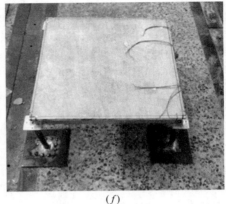

(e)　　　　　　　　　　　　(f)

图 6-5　试件（二）

(e) 冷弯帽型钢横梁试件整体形式；(f) 方钢横梁试件整体形式

6.2.2　材性试验

试验材料均采用同一批钢材，沿试件长度方向各截取三个标准件，材性试验方法按照《金属材料—室温拉伸试验方法》GB/T 228—2002 的规定进行。本试验是在沈阳建筑大学力学试验中心完成的，首先对试件贴应变片，采用万能试验机进行拉伸试验，所测钢材屈服平台较为明显，且塑性变形能力较好。试验目的是通过材料属性试验获取横梁材料属性，即制作横梁所使用钢材的屈服强度 f_y、极限强度 f_u、弹性模量 E 及泊松比 μ。

试验所用的仪器为材料属性试验机与应变仪，材料试验机是在各种环境条件下测定金属材料、非金属材料、机械零件、工程结构等机械性能、工艺性能、内部缺陷和校验旋转零件动态不平衡量的精密测试仪器。在研究探索新材料、新工艺、新技术和新结构的工程中，材料试验机是一种不可缺少的重要仪器，多用于金属及非金属的拉伸、压缩、弯曲、剪切剥离、撕裂、保载、松弛、往复等项的静力学性能测试分析研究。本次试验是利用材料属性试验机进行的拉伸试验。拉伸试验又称拉力试验，一般采用万能材料试验机拉力试验机进行试验。试验过程中，主要是缓慢地在试样两端施加负荷，使试样的工作部分受轴向拉力，引起试样沿轴向伸长，一般进行到拉断为止。通过拉伸试验可测定材料的抗拉强度和塑性特性等。拉伸试样要符合相关的国家、行业标准对不同材料的拉伸试验要求。进行材料属性试验的试件，选用的是与横梁堆载试验相同的材料，材性试验试件尺寸如图 6-6 所示，材性试验试件如图 6-7 所示。

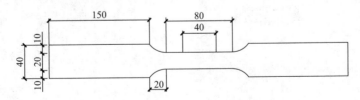

图 6-6　材性试验试件尺寸图

试验进行到材性试验件拉断为止，并得到了材性试验数据，试验过程中生成的应力-应变如图 6-8 所示。

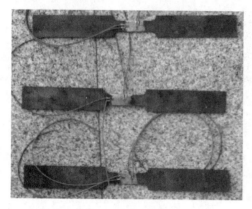

图 6-7　材性试验试件

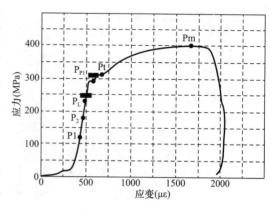

图 6-8　应力-应变曲线

试验过程中每次加载 1kN 时记录应变仪的读数，当加载到力的大小不再增加时，即荷载为屈服荷载，应力为屈服应力。继续加载到材性试验试件断开，此时荷载为试件的拉伸极限承载力。通过每加载 1kN 时记录的应变值求解弹性模量，并得到三个试件的屈服强度，见表 6-2 所示。求出三个试件的平均弹性模量为 1.99×10^5 MPa，平均屈服强度为 228MPa。确定材料的弹性模量与屈服极限后，可以更准确的建立模型，为有限元模拟打好基础。

材性试验结果　　　　　　　　　　　　　　　　　　　表 6-2

材料属性试验编号	屈服荷载（kN）	屈服强度（MPa）	极限承载力（kN）	极限强度（MPa）	弹性模量（MPa）
1	9.13	228	15.5	387	1.85×10^5
2	9.24	231	15	375	2.14×10^5
3	9.01	225	15.8	395	1.98×10^5
平均值	9.13	228	15.4	385	1.99×10^5

6.2.3　试验装置

本试验是在沈阳建筑大学结构试验室进行，采用现场堆沙袋的加载方式。试验堆载分 11 级进行，每级荷载即每个沙袋的加载量为 0.245kN，沙袋应分区格堆放，加载前严格称重。加载过程中，每加一级荷载，停留 3min 后读数。试验装置及主要试验仪器如图 6-9 所示。

(a)

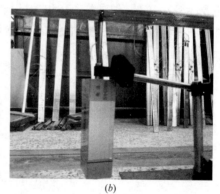

(b)

图 6-9　试验装置及主要试验仪器
(a) 静态应变仪；(b) 位移计

6.2.4 测点布置与试验测试内容

6.2.4.1 应变片布置

应变片的布置应根据所测试的试验内容布置，应变片选用河北邢台金力传感元件厂生产的电阻应变片，应变片的布置以及规格符合试验要求。应变片参数：电阻 120±0.20，灵敏系数 2.08±0.01。在冷弯帽型钢横梁和方钢横梁表面各贴有 2 个电阻应变片，规格均为 3mm×2mm。为了判定变形的现象，在冷弯帽型钢横梁跨中腹板外侧中间位置粘贴一个纵向应变片（M1），下翼缘应变片的布置是为了结合腹板应变片确定试件截面应变分布，在跨中下翼缘中间位置粘贴一个纵向应变片（M2）；为了对比分析冷弯帽型钢横梁的力学性能，在方钢横梁相同横截面跨中腹板和下翼缘的中间位置各粘贴一个纵向应变片，编号为 F1、F2，上述两个试件的应变片布置如图 6-10 所示。

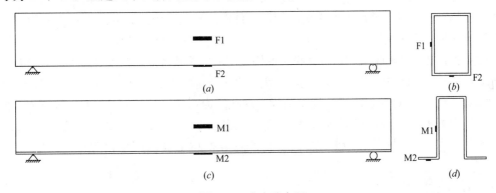

图 6-10 应变片布置

（a）方钢横梁应变片布置；（b）方钢横梁应变片布置截面图；（c）冷弯帽型钢横梁应变片布置；
（d）冷弯帽型钢横梁应变片布置截面图

6.2.4.2 位移计布置

位移计选用河北邢台金力传感元件厂生产的 SDT-50 型位移计，冷弯帽型钢横梁跨中下翼缘中间位置和方钢横梁跨中下翼缘中间位置各布置 1 个位移计，量程均为 50mm。在堆载试验过程中，位移计用来监测随着荷载的增加挠度的变化，位移计布置如图 6-11 所示。

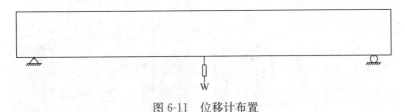

图 6-11 位移计布置

6.2.4.3 试验测试内容

测试的主要内容是冷弯帽型钢横梁和方钢横梁在荷载规范下的力学性能，包括横梁几个特定位置的应变、跨中位移等。具体的测试方法如下：

（1）在试验加载过程中测量横梁跨中的位移变化，采用位移计对横梁跨中竖直方向的位移进行检测，观察横梁跨中位移的变化情况。

（2）在试验加载过程中测量横梁的应变变化，在横梁的几个特定位置粘贴应变片，测量横梁应变的变化情况。

（3）对于外观的变化，采用目测逐根进行检查，观察横梁试件经加载试验前后的外观变化情况，对试件的局部变形以及整体变形形态进行记录，拍好试验照片，并在试验后对数据进行及时处理分析。

6.2.5 试验加载制度

采用现场堆沙袋的加载方式使荷载均匀地分配到试件上，通过静态应变仪进行数据的采集，并对试验现象作好记录。在记录数据的同时，观察并记录试验现象，对试件的局部变形以及整体变形形态进行记录，开始对试件进行预加载。

（1）预加载：冷弯帽型钢横梁和方钢横梁试件就位，对试件先进行几何对中，确保其组件搭接尺寸正确，再进行物理对中，使各部分接触良好，确定横梁与支架连接牢固，支架与地面之间无杂质、支撑稳固，仪器连线并调试以确保试验装置、采集仪器进入正常工作状态，并对仪表设备进行单点平衡。控制试件在弹性范围内受力并且不产生变形，检查架空地板支架是否平稳。

（2）正式加载：根据架空地板在正常使用范围内的荷载规范，在承受 $Q=7.35\mathrm{kN/m^2}$ 的均布荷载时，板面挠曲量应小于 3mm，并无永久性变形。通过计算 $P=7.35\times0.6\times0.6=2.646\mathrm{kN}$，所以这两种横梁形式的架空地板的加载量为 2.646kN，在正常使用范围内，试验堆载分 11 级加载，每级加载量为 0.245kN。加载过程中，每加一级荷载后停留 3min，进行数据采集，再进行下一级加载，所有测点数据均由静态应变仪完成采集。

6.3 试验分析

6.3.1 变形形态分析

在正常使用范围内，所有试件还处在弹性状态，所有试件的外观变形均不明显，随着荷载的不断增加，试件均有微小的局部变形，4 个试件的变形过程大体相似，如图 6-12 所示。

(a)　　　　　　　　　　　　(b)

图 6-12　试件的外观变形（一）

(a) 试件 ML-1；(b) 试件 ML-2

(c)   (d)

图 6-12　试件的外观变形（二）

（c）试件 ML-3；（d）试件 FL

6.3.2　试件的试验结果分析

抗弯刚度是指物体抵抗弯曲变形的能力，是对材料制成的构件进行变形即挠度控制的依据，也是影响构件受力性能的主要因素之一，故对横梁抗弯刚度进行分析有着重要的意义[77]。试验加载过程中通过静态应变仪采集了横梁跨中位移，并对试验过程中记录的数据进行处理分析，绘制冷弯帽型钢横梁和方钢横梁跨中下翼缘中间位置的荷载-位移曲线、荷载-应变曲线、应力-应变曲线，如图 6-13、图 6-14 所示。

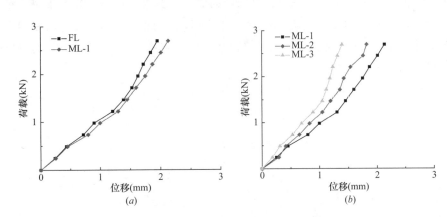

(a)   (b)

图 6-13　跨中下翼缘荷载-位移曲线

（a）试件 ML-1 和试件 FL；（b）试件 ML-1、ML-2、ML-3

从图 6-13 中可以得出，方钢横梁和冷弯帽型钢横梁 ML-1 的荷载-位移曲线基本重合，曲线的斜率也基本一样；从图 6-14 荷载-应变曲线对比可以看出，与方钢横梁相比，横梁 ML-1 的应变增加不是很明显。因此，在正常使用范围内，方钢横梁受力性能方面并没有明显的优越性，并且冷弯帽型钢横梁可以增加地板上方的使用高度，在使用方面有明显优势，综合考虑冷弯帽型钢横梁在架空地板构造系统中是可行的，可以取代方钢横梁。

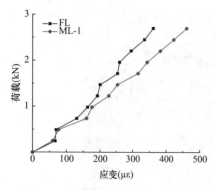

图 6-14 跨中下翼缘荷载-应变曲线

在正常使用范围内，试件 ML-2 和试件 ML-3 的荷载-位移曲线的斜率明显大于试件 ML-1 的荷载-位移曲线斜率，即抗弯刚度较大，抵抗弯曲变形能力较强；对于试件 ML-2 和试件 ML-3，其抗弯刚度有所差异，增大翼缘的试件，其抗弯刚度较小，抵抗变形能力较弱。通过对 3 个不同截面尺寸的冷弯帽型钢横梁试件进行试验研究，可以得出以下结论：横梁的抗弯刚度与翼缘宽度和壁厚密切相关；从各个横梁的变形程度及荷载-位移曲线可以发现，增大横梁的壁厚对冷弯帽型钢横梁抗弯刚度的提高程度更大，即壁厚较大的试件抗弯刚度优势体现得更为显著。在弹性范围内，所有试件的外观变形均不明显，随着荷载的增加，试件有微小的局部变形，4 个试件的变形过程大体相似。所有试件的外观变形均不明显，随着荷载的增加，试件有微小的局部变形。

6.4 小结

（1）方钢横梁和冷弯帽型钢横梁 ML-1 的荷载-位移曲线基本重合，曲线的斜率也基本一样，因此可以得出在正常使用范围内，方钢横梁在受力性能方面并没有明显的优越性。

（2）试件 ML-2 和试件 ML-3 的荷载-位移曲线的斜率明显大于试件 ML-1 的荷载-位移曲线斜率，即抗弯刚度较大，抵抗弯曲变形能力较强；对于试件 ML-2 和试件 ML-3，其抗弯刚度有所差异，增大翼缘的试件，其抗弯刚度较小，抵抗变形能力较弱。通过对 3 个不同截面尺寸的冷弯帽型钢横梁试件进行试验研究，可以得出以下结论：横梁的抗弯刚度与翼缘宽度和壁厚密切相关；从各个横梁的变形程度及荷载-位移曲线可以发现，增大横梁的壁厚对冷弯帽型钢横梁抗弯刚度的提高程度更大，即壁厚较大的试件抗弯刚度优势体现得更为显著。

第7章 架空地板横梁受力性能的有限元分析

7.1 有限元模型的建立

7.1.1 模型参数的选择

为方便与试验结果进行对比，有限元模型的截面尺寸与实际试验的试件尺寸一致。方钢横梁的试件编号为 FL，截面尺寸为 20mm×30mm×1.2mm，试件长度为 570mm；冷弯帽型钢横梁截面如图 7-1 所示，试件尺寸参数如表 7-1 所示，二者材料属性按照材性试验测得的实际值输入。

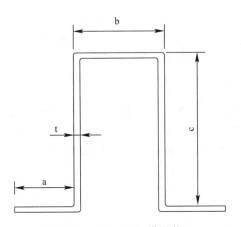

图 7-1 冷弯帽型钢横梁截面

冷弯帽型钢横梁尺寸参数 表 7-1

试件编号	钢材	长度（mm）	截面尺寸 a×b×c（mm×mm×mm）	壁厚（mm）
ML-1		570	10×15×30	1.2
ML-2		570	10×20×30	1.2
ML-3	Q235	570	10×15×30	1.5
ML-4		570	10×25×30	1.2
ML-5		570	10×15×30	1.8

7.1.2 单元类型和网格划分

本书对冷弯帽型钢横梁及方钢横梁的模拟采用 3D 实体单元，这种单元适合模拟中等及以下厚度的试件，支持线性和非线性分析，其中非线性分析可包括应力刚化及弹塑性等。

本书中各部件的网格划分采用自适应划分方法，通过大量计算比较后发现，将单元网格尺寸逐渐减小，其计算精度也提高很小，但弹塑性阶段的计算时间却增加很多。因此，综合考虑计算精度和计算时间两方面因素，在有限元分析中选用合理的网格划分尺寸，具体划分结果，如图 7-2 所示。

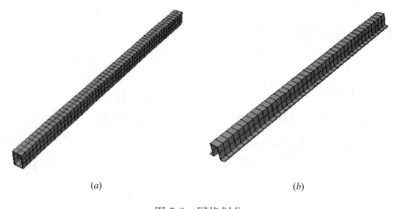

(a)   (b)

图 7-2　网格划分
(a) 方钢横梁；(b) 冷弯帽型钢横梁

7.1.3　材料非线性

材料非线性对有限元模型的影响是弹塑性分析时必须要考虑的，有限元程序 ABAQUS 在进行弹塑性分析时采用的是真实应力和真实应变的关系作为材料的本构模型。本章 ABAQUS 分析中的材料属性按照材性试验测得的实际值输入。

7.2　有限元分析

采用有限元程序 ABAQUS 对 6.3.1 节所述的不同截面尺寸的冷弯帽型钢横梁和方钢横梁的模型进行模拟计算，冷弯帽型钢横梁考虑 2 个参数：翼缘宽度（15mm、20mm、25mm）、壁厚（1.2mm、1.5mm、1.8mm）。方钢横梁为标准试件，冷弯帽型钢横梁通过改变翼缘宽度和壁厚与方钢横梁进行力学性能对比，并分析翼缘宽度和壁厚对冷弯帽型钢横梁承载力的影响。

7.2.1　试验研究与有限元分析的对比

ABAQUS 软件提供了力和位移两种加载方式，试验采用现场堆沙袋的加载方式，为了试验结果与有限元模拟结果的对比，加载方式采用力加载来模拟荷载作用。两端均施加铰接的边界条件，边界条件和加载方式如图 7-3 所示。

在正常使用范围内，试验采用现场堆沙袋的加载方式，试验结果与有限元模拟结果对比，冷弯帽型钢横梁跨中卷边底部中间位置和方钢横梁跨中下翼缘中间位置的荷载-位移曲线如图 7-4 所示。

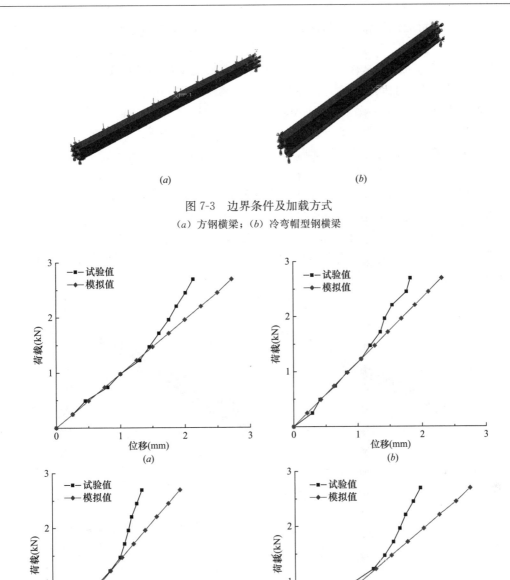

图 7-3　边界条件及加载方式

（*a*）方钢横梁；（*b*）冷弯帽型钢横梁

图 7-4　试验结果与模拟结果对比

（*a*）试件 ML-1；（*b*）试件 ML-2；（*c*）试件 ML-3；（*d*）试件 FL

　　从图中可以看出有限元分析的结果和试验结果一样，试件在正常使用范围内的变形基本相同。

7.2.2　架空地板横梁的有限元分析

　　边界条件是有限元分析中较复杂和难模拟的一部分，对于有限元分析结果有很大的影响，稍有偏差就可能使计算结果与试验结果不一致，因此必须经过反复测试、比较才能在满足正确性的前提条件下得到最佳模型[78]。边界条件的处理方式需要与试验中的实际情况相符合。为了与试验中试件的支撑条件相符，有限元模型中试件两端的支撑条件是铰接，在试件的两端施加铰接约束，即 U1＝U2＝UR2＝UR3＝0。

初始分析步（initial step）是 ABAQUS 自己创建的分析步，描述的是模型的初始状态，一个模型中只能有一个初始分析步，而后续分析步可以有多个。在进行弹塑性非线性分析时，采用的是静力通用法（Static，General），其主要使用于求解试件的极限荷载、变形等问题。对试件进行弹塑性非线性分析时，为了使有限元程序在分析时考虑试件的几何非线性，在 ABAQUS 的 Step 模块中要选中几何非线性开关（Nlgeom），通过 Inc 参数指定分析中每步允许的最大步长和最小步长以及允许的最大增量步的数目[79]。

ABAQUS 软件提供了力和位移两种加载方式，加载方式采用力加载来模拟荷载作用。在冷弯帽型钢横梁及方钢横梁施加均布荷载 Q＝125kN/m²，两端均施加铰接的边界条件，边界条件和加载方式如图 7-5 所示。

(a) (b)

图 7-5 边界条件及加载方式

（a）方钢横梁；（b）冷弯帽型钢横梁

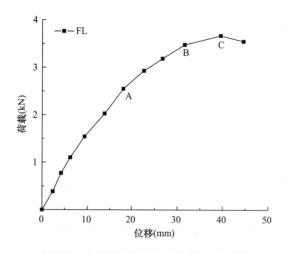

图 7-6 方钢横梁试件跨中荷载-位移曲线

根据建立的有限元模型，以方钢横梁试件 FL 为例，对其进行受力计算分析，得出方钢横梁跨中下翼缘中间位置的荷载-位移曲线。曲线可划分为三个阶段：弹性阶段、弹塑性阶段、塑性阶段，从图中可以看出，有限元软件较好地模拟了该试件的塑性状态，如图 7-6 所示。在曲线上取三个特征点分析受力过程，为了更好地观察各个特征点的情况，给出了各个特征点处构件各部分的应力和应变分布及跨中下翼缘中间位置的应力-应变曲线，如图 7-7、图 7-8 所示。

第一阶段：OA 段为受力的弹性阶段，在达到弹性极限之前，线段为直线段。此阶段应力沿横梁方向分布（如图 7-7（a）中 A 点所示），A 点弹性极限对应的荷载值为 2.598kN，约为 B 点荷载（3.520kN）的 73.8%。

第二阶段：AB 段是弹塑性段，在此阶段内横梁跨中参考点处位移增大，故此过程中曲线呈现一个平滑的过渡段。此阶段应力沿横梁方向分布如图 7-7 沿构件全长分布，此时横梁跨中参考点处应力刚好屈服，如图 7-8 所示，屈服应力为 228MPa。图 7-7 （c）中 B 点所示，B 点对应的荷载值为 3.520kN，此时横梁跨中参考点处应力已屈服。

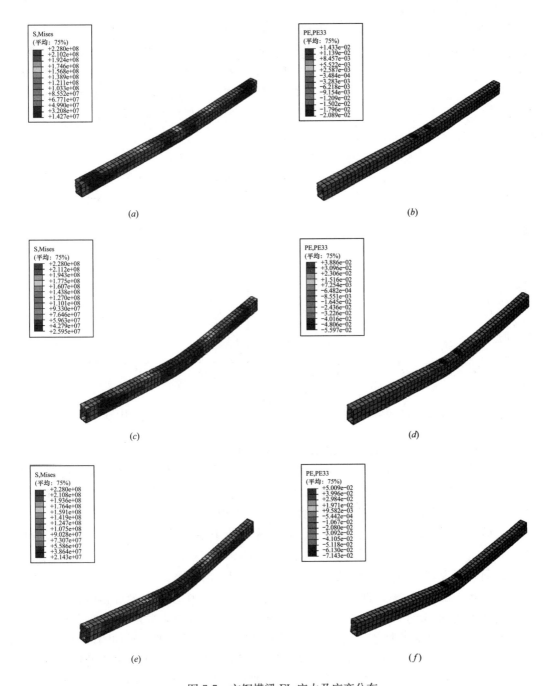

图 7-7　方钢横梁 FL 应力及应变分布

（a）A 点 Mises 应力分布；（b）A 点应变分布；（c）B 点 Mises 应力分布；（d）B 点应变分布；

（e）C 点 Mises 应力分布；（f）C 点应变分布

第三阶段：在 BC 段中，直线的斜率有所下降，横梁跨中参考点处位移增长加快，最高点为荷载-位移曲线的峰值点，C 点对应的荷载值为 3.77kN，此承载力即为极限承载力；当荷载达到极限承载力之后，进入平衡状态，试件不能承担继续增加的荷载，曲线开始表现出下降的趋势，且此时试件变形增加迅速。在 C 点应力沿构件全长分布，此时横梁跨中参考点处应力已屈服。

根据建立的有限元模型，对 ML 系列试件进行受力计算分析，得出冷弯帽型钢横梁跨中卷边底部中间位置的荷载-位移关系曲线。曲线可划分为三个阶段：弹性阶段、弹塑性阶段、塑性阶段，从图中可以看出，有限元软件较好地模拟了该试件的塑性状态，如图 7-9 所示。在曲线上取三个特征点分析受力过程，为了更好地观察各个特征点的情况，给出了各个特征点处构件各部分的应力和应变分布及跨中下翼缘中间位置的应力-应变曲线，如图 7-10、图 7-11 所示。

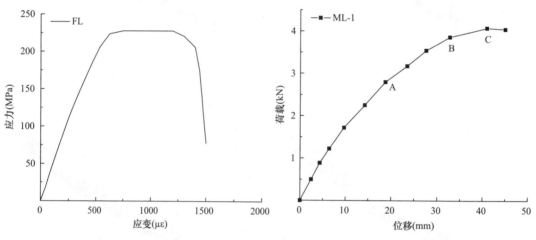

图 7-8　方钢横梁试件跨中应力-应变曲线　　　图 7-9　试件 ML-1 跨中荷载-位移曲线

第一阶段：OA 段为受力的弹性阶段，在达到弹性极限之前，线段为直线段。此阶段应力沿横梁方向分布（如图 7-10（a）中 A 点所示），A 点弹性极限对应的荷载值为 2.73kN，约为 B 点荷载（3.76kN）的 72.6%。在 A 点应力沿构件全长分布，此时横梁跨中参考点处应力刚好屈服，如图 7-11 所示，屈服应力为 228MPa。

第二阶段：AB 段是弹塑性段，在此阶段内横梁跨中参考点处位移增大，故此过程中曲线呈现一个平滑的过渡段。此阶段应力沿横梁方向分布如图 7-10（c）中 B 点所示，B 点对应的荷载值为 3.76kN，此时横梁跨中参考点处应力已屈服。

第三阶段：在 BC 段中，直线的斜率有所下降，横梁跨中参考点处位移增长加快，最高点为荷载-位移曲线的峰值点，C 点对应的荷载值为 4.08kN，此承载力即为极限承载力；当荷载达到极限承载力之后，进入平衡状态，试件不能承担继续增加的荷载，曲线开始表现出下降的趋势，且此时试件变形增加迅速。随着变形不断增大，截面的形心与剪心不再重合，荷载不再通过截面形心。在 C 点应力沿构件全长分布，此时横梁跨中参考点处应力已屈服。

从图 7-12 中可以得出：方钢横梁 FL 和冷弯帽型钢横梁 ML-1 跨中参考点的荷载-位移

曲线基本重合，二者在受力性能方面接近；方钢横梁试件的极限承载力为 3.77kN，冷弯帽型钢横梁试件 ML-1 的极限承载力为 4.08kN，极限承载力增加了 8.22%。

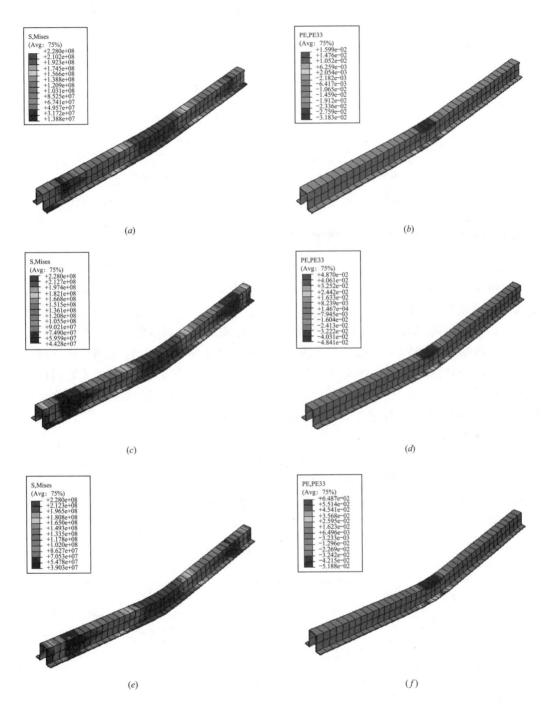

图 7-10　帽型钢横梁 ML-1 应力及应变分布

(a) A 点 Mises 应力分布；(b) A 点应变分布；(c) B 点 Mises 应力分布；(d) B 点应变分布；
(e) C 点 Mises 应力分布；(f) C 点应变分布

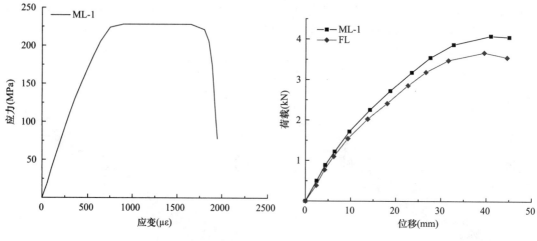

图 7-11　试件 ML-1 跨中应力-应变曲线　　　图 7-12　跨中荷载-位移曲线

7.2.3　设计参数对冷弯帽型钢横梁承载力的影响

（1）翼缘宽度

试件 ML-1、ML-2 及 ML-4 的翼缘宽度分别为 15mm、20mm 和 25mm，其跨中参考点的荷载-位移曲线如图 7-13 所示。极限承载力分别为 4.08kN、4.49kN 和 4.75kN。试件 ML-2 比 ML-1 的极限承载力增加了 9.97%；试件 ML-3 比 ML-1 的极限承载力增加了 15.56%。

对于翼缘宽度对冷弯帽型钢横梁承载力的影响，从图中可以看出，试件 ML-1 和试件 ML-2 在荷载作用初期，两试件的荷载-位移曲线基本重合，说明此阶段翼缘宽度对试件承载力影响不大，这是由于弹性阶段翼缘宽度的作用很小，随着荷载的增加，翼缘宽度小的试件 ML-1 的极限承载力比试件 ML-2 的极限承载力低。

（2）壁厚

试件 ML-1、ML-3 及 ML-5 的壁厚分别为 1.2mm、1.5mm 和 1.8mm，其跨中参考点荷载-位移曲线如图 7-14 所示，它们的极限承载力分别为 4.08kN、5.27kN 和 6.02kN。试件 ML-4 比 ML-1 的极限承载力增加了 28.20%；试件 ML-5 比 ML-1 的极限承载力增加了 48.84%。

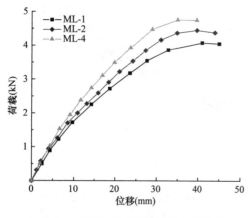

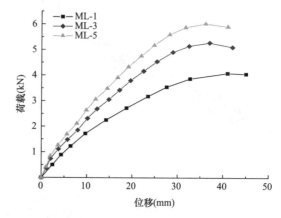

图 7-13　翼缘宽度对试件承载力的影响　　　图 7-14　壁厚对试件承载力的影响

通过对不同截面尺寸的冷弯帽型钢横梁试件进行有限元分析，可以得出以下结论：横梁的极限承载力与翼缘宽度和壁厚密切相关；通过各个横梁弹塑性破坏模态及荷载-位移曲线可以发现，改变横梁的壁厚对极限承载力的提高程度更大。

7.3　小结

（1）根据冷弯帽型钢横梁和方钢横梁试件的特点分别确定了适合试件受弯的有限元模型。

（2）对各种材料选取合适的材料本构模型，根据部件的单元类型划分网格；介绍了构件中各个部分的接触关系，其中分割加载面与参考点之间的相互作用，选择 Coupling 进行耦合；计算分析过程中选择更易使模型收敛的位移加载方式，并采用牛顿法对模型进行迭代计算。

（3）通过计算分析分别得到了冷弯帽型钢横梁和方钢横梁试件受弯情况下的荷载-位移曲线，模拟结果与试验结果吻合良好；分析了冷弯帽型钢横梁和方钢横梁试件的应力分布规律；揭示了试件受弯情况下的受力机理；模拟分析了冷弯帽型钢横梁试件的承载力随翼缘宽度、壁厚等设计参数的变化规律。计算结果表明：方钢横梁 FL 和冷弯帽型钢横梁 ML-1 的荷载-位移曲线基本重合，与方钢横梁试件相比，冷弯帽型钢横梁试件 ML-1 极限承载力增加了 8.22％；试件 ML-2 比 ML-1 的极限承载力增加了 9.97％；试件 ML-3 比 ML-1 的极限承载力增加了 15.56％。试件 ML-4 比 ML-1 的极限承载力增加了 28.20％；试件 ML-5 比 ML-1 的极限承载力增加了 48.84％。改变冷弯帽型钢横梁的壁厚对极限承载力的提高优势体现得更为显著。

（4）通过对冷弯帽型钢横梁和方钢横梁试件的弹塑性破坏形态、抗弯刚度、应变、跨中位移等分析，可以得到以下结论：跨中参考点的荷载-位移曲线可划分为三个阶段：弹性阶段、弹塑性阶段、塑性阶段。第一阶段：当荷载达到极限荷载以前，曲线近似于直线；第二阶段：直线的斜率有所下降，位移增长加快，最高点为荷载-位移曲线的峰值点，此承载力即为极限承载力；第三阶段：当荷载达到极限承载力之后，进入平衡状态，试件不能承担继续增加的荷载。

第8章 架空地板系统的设计定位方法与施工安装技术

通过对新型冷弯帽型钢横梁与方钢横梁进行力学性能分析，针对冷弯帽型钢横梁提出其构造设计尺寸，并结合新型横梁综合研究架空地板系统的设计定位方法、施工安装技术、构造要求等标准化方面的内容，在模数化设计方面提出建议。在部件一体化中，设计产品的装配不足是其不被采用的重要原因。部件一体化与现场施工有所区别，它要求在施工时每个环节都紧紧相连，但现场施工却无法满足这些要求[80]。

8.1 设计定位方法

装修一体化在不断地快速发展，写字楼、办公楼等应具备产品装修、设计、安装、拆卸灵活的特点。目前，每年有大量的写字楼、办公楼等要进行地点的改变，因此这些大楼的部件化必须具备安装、拆卸灵活的特点，而架空地板系统正好满足这样的产品需求。产品部件化可以提高工作效率，使施工工序更加便利快捷。制造厂商对架空地板的考虑更加全面，在管道走线方面设计得更加合理，并且研发出与之相搭配的产品。另外，在管道走线系统方面进行着产品优化设计，使用户在使用上更加便利。

8.1.1 面板材料

架空地板材料以基材和贴面材料为基础，并以此进行划分，贴面材料有聚氯乙烯塑料、瓷砖、PVC塑料板等，基材有钢铁、大理石、花岗岩、铝、铜合金等。架空地板材料的样式繁多，功能也各不相同，主要以钢铁、铝、大理石作为基础材料，钢铁具有轻巧、精准、延性好等特点[81]，也正是因其这种特点而给人以不结实的感觉，所以很多生产厂商对其进行产品优化，在产品之间填充一些物质使其在行走时给人以厚重的舒适感。还有一些商场以大理石、瓷砖作为面板材料，和钢铁相比，其具有重量和质感，因此可以提高人们在行走时的舒适度。但是，这种优点也正是其缺点，使其不能批量生产。此外，PVC板、难燃胶合板等材料因其重量轻而无法得以广泛使用[82]。市场上主要的几类地板：

（1）全钢型地板

① 全钢无边地板。

② 无尘室全钢地板。

③ 防护式无边地板。

④ 陶瓷面-金属复合地板。

⑤ 全钢通风地板。

全钢型地板适用范围：对承载力有更高要求的场所，例如大型工厂车间、高层办公楼、写字楼、球类馆、计算机房、游乐场、健身房等；以交换机为代表的通信中心机房、各种电气控制机房、邮电枢纽和用计算机控制的军事、经济、国家安全、航空、航天及交通指挥调度和信息管理中心等。

　　全钢型地板采用铁合金轧制而成，并对其进行拉伸点焊成型。全钢型地板的表面经过了防静电处理，并且在材料之间填充标准纯水泥或以空心板的形式应用，面层采用 PVC 塑胶贴面、三聚氰胺贴面、HPL 贴面、陶瓷面等材料。此种地板以钢铁作为基础材料，并且分为无边全钢型地板和有边全钢型地板，如图 8-1 所示。在现在很多的工程中，非标型全钢型地板被广泛使用，其优势是成本低，采购方便。但是对于那些对承载力有更高要求的场所，一般采用国标型全钢地板。全钢型地板具有安装便利的优点，并且误差小，拆卸方便，防火性能好；缺点是其表面不够耐磨、使用寿命短。全钢型地板的特点：

　　① 全钢搭配强度高，受压性能好。

　　② 拼接精密高，可以准确地进行更换。

　　③ 地板收边时，容易切割。

　　④ 钢表面进行防静电处理，防静电性能好。

　　⑤ 地板四周采用螺钉固定，安装便利。

　　⑥ 对承载力有更高要求的场所，只需提高支架的强度。

　　⑦ 地板拆卸方便，只需更换贴面材料，即可解决问题。

　　⑧ 防静电、防火、防尘。

　　（2）PVC 地板

　　① 直铺式永久性 PVC 地板。

　　② 永久性 PVC 地板。

　　PVC 地板材料采用卷材或方材（600mm×600mm），其具有安装快捷的优点，并且误差小，有一定的防静电能力，但其拆卸不便，需要具备专业能力的人员进行安装及拆卸，缺点是抗腐蚀能力差。

　　（3）铝合金型地板

　　① 铝合金防静电通风板。

　　② 铝合金格栅板。

　　③ 铝合金盲板。

　　铝合金型地板采用优质铸铝型材，并对其进行拉伸成型，面层贴面材料采用难燃 PVC 或 HPL 贴面，经胶粘合而成。铝合金地板具有防锈的功能，与全钢型地板相比，其避免了这样的产品缺陷，如图 8-2 所示。

图 8-1　全钢型地板

图 8-2　铝合金型地板

（4）陶瓷型地板

陶瓷型地板采用瓷砖作为面层、复合全钢地板或水泥刨花板、四周导电胶条封边加工而成，其优点是防静电能力强，防火等级高，且具有耐磨、使用寿命高等特点。陶瓷型地板适用于对承载力有较高要求的场所，适用于计算机房、多功能场馆等场合。但是其自重比较大，对支撑系统的承载力增添了负担。此外，需要具备专业能力的人员进行安装及拆卸，只有这样才能保证产品的平整度[83]，如图 8-3 所示。

（5）防静电活动瓷砖

防静电活动瓷砖具有很好的防静电性能，在被烧制的过程中加入特殊物质使其发生物理变化，进而提高其防静电性能，操作简单，不需要专业人员进行铺设，如图 8-4 所示。

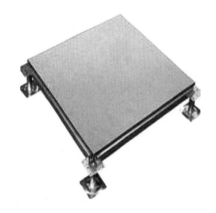

图 8-3　陶瓷型地板

图 8-4　防静电活动瓷砖

防静电活动瓷砖不但具有防静电性能好的特点，而且符合绿色材料的基本概念，其耐磨程度也相当高，使用寿命长，防火等级属于 A 级，吸水率小于 0.5%，便于清洁，耐酸碱性均为 A 级；在施工过程中防静电活动瓷砖的平整度容易调节，且承载能力极强，因此可以用于 UPS 房、上走线场所。防静电活动瓷砖具备良好的综合性能，适用于很多场所，也受到消费者及业内专业人士的广泛好评，但也因为其制作工艺而并未得到广泛生产。

（6）防静电地坪

防静电地坪具有以下优点：①抗静电效果优良持久、不受时间、温度、湿度等影响；②选用无溶剂高级环氧树脂加优质固化剂制成；③板面效果极佳，防潮，具有良好的抗腐蚀性能；④耐磨程度高，并且具有一定的弹性[84]。

（7）复合型地板

① 加强型复合型地板。

② 陶瓷钢基复合活动地板。

目前，市场上主要还是采用全钢型地板，此种地板的优点是施工简捷、拆卸方便且使用过程中很少出现质量问题，因此延长了其使用寿命，受到业内的广泛好评。此种地板以难燃的刨花板为基础材料，板面饰以装饰板和底层用镀锌板经粘接胶合组成的活动地板，活动地板共有三层，面层采用柔光高压三聚氰胺装饰粘板，中间一层刨花板，底层粘贴一层镀锌钢板，四周侧边采用镀锌钢板包裹并以胶条封边，有很好的防腐蚀性能，如图 8-5 所示。与板面搭配的横梁目前有两种规格，一般常用的尺寸规格为 600mm×600mm×30mm。

图 8-5　全钢型地板

地板板面生产的过程中要使用胶粘材料，这些材料中含有有毒气体，例如甲醛、苯等，这类气体在空气中很难及时消去，对人类的健康造成很大的威胁。我国也制定了相应的使用规范，例如甲醛的含量不得超过 9mg/100g[85]；好的架空地板材料应具备一定的防潮性能，吸水厚度膨胀率指标直接影响防潮性能，该指标值越高，防潮性能就越差，而防潮性能差的地板在春天雨季的潮湿环境下，极有可能出现膨胀变形等问题，吸水厚度膨胀率低于 10% 的架空地板为合格地板，架空地板材料应具备防火、耐磨等基本性能。耐磨性能直接影响材料的使用寿命，很多生产厂商为了节约成本，使用相对廉价的板面材料，因此在日常使用中时常出现质量问题。

架空地板材料应符合设计要求，具有耐磨、防潮、阻燃、耐污染、耐老化和导静电等特点。当环境中的温度变化时，架空地板材料不会受其影响，不会因此而膨胀或收缩变形，只有这样才能延长其使用寿命，避免更换。根据规范规定，当材料受温度影响时，其收缩量应小于 0.5mm，板面变形应小于 0.25mm。架空地板材料的技术指标如下：

（1）导电性能：表面电阻 $10^6 \sim 10^9 \Omega$，体电阻率 $10^7 \sim 10^{10} \Omega/cm$。

（2）耐烟火性能：不小于 1600℃。

（3）耐磨性：0.1g/1000 转。

（4）吸水性：<0.5%。

（5）耐极冷极热性：15℃～105℃。

（6）经 10 次急冷热循环不出现明显裂纹。

（7）抗弯曲强度：平均值不小于 27MPa。

（8）翘曲度：±0.5%。

架空地板材料的选择应注意以下几点：

（1）首先根据建筑房间的总面积以及各个组合件配比进行数量的选择，并且考虑收边距离，避免材料浪费。

（2）对地板材料的种类以及各种材料的技术性能进行了解。架空地板的性能主要指其物理性能、机械性能，机械性能主要包括承载能力，物理性能包括防火性能、耐磨性能等。把整块地板安装在搭接起来的桁梁上，平放地板后，表面平整且板面应有一定的耐摩擦性。导电性能主要是系统电阻、表面电阻，其系统电阻应为 $10^6 \sim 10^9 \Omega$，在温度为 21±1.5℃。相对湿度为 30% 时，防静电地板的静电电压应低于 2500V。

（3）应以机房内所有设备中最重设备的重量为基准来确定地板的载荷，这样可以防止有些设备过重而引起地板的永久变形或破损。

（4）当环境中的温度变化时，架空地板材料不会受其影响，不会因此而膨胀或收缩变形，只有这样才能提高其使用寿命，避免无法拆除和更换。根据规范规定，当材料受温度影响时，其收缩量应小于 0.5mm，板面变形应小于 0.25mm[86]。

（5）地板表面应不反光、不打滑、耐腐蚀、不起尘、不吸尘、易于清扫。

材料设计是装修工程的一个关键环节，是保证装修质量的基本物质条件，材料质量直接影响工程质量。架空地板材料的设计应把防火安全因素置于首位，并且符合《建筑内部装修设计防火规范》GB 50222—95。建筑装修防火等级分为低层、多层建筑及高层建筑两个等级，低层、多层建筑属于二级防火，高层建筑属于一级防火。架空地板材料根据自身的燃烧性能分为四个级别[87]，见表 8-1、表 8-2 所示。

面板材料燃烧性能 表 8-1

级别	面板材料燃烧性能
A	不燃性
B_1	难燃性
B_2	可燃性
B_3	易燃性

建筑燃烧性能级别 表 8-2

建筑等级	燃烧性能级别
高层普通建筑	B_2
高层高级建筑	B_2
低层、多层普通建筑	B_1
低层、多层高级建筑	B_1

如果低层、多层建筑的空间内置有自动灭火系统时，架空地板板面材料防火级别允许在规范的基础上降低一级。

架空地板材料设计可以看做是对不同材料以及不同工艺的一个挑选过程，材料种类在市场上有几十种以上，有的得到供应商的数量少之又少，原因在于材料的性能以及工艺在市场上没有得到认可。架空地板材料设计应根据建筑的防火级别选择相对应的面板材料，目前市场上常用的几种架空地板材料分为以下几种，见表 8-3 所示。

常用材料燃烧性能级别 表 8-3

级别	面板材料分类
A	大理石、花岗石、瓷砖、钢铁、铝、铜合金等
B_1	硬 PVC 塑料地板、氯丁橡胶地板、难燃胶合板、阻燃木质复合地板、聚氯乙烯塑料、三聚氰胺、难燃刨花板等
B_2	PVC 卷材地板、半硬质 PVC 塑料地板、各类天然木材、木质人造地板等

8.1.2　架空地板构造系统的内部组成

架空地板支撑构造系统由地板、横梁、支架等主要部位组成，如图 8-6 所示，横梁和自身高度可调的支架用螺钉连结成稳固的下部支撑系统，地板镶嵌在横梁围成的方格内，表面贴面有 PVC 塑胶贴面、三聚氰胺贴面、HPL 贴面、陶瓷面等，相关辅助配件还有螺丝钉、吸盘、走线盒等。

架空地板系统的横梁采用方钢轧制而成，分为长横梁和短横梁两种[88]，如图 8-7 所示长横梁规格为 20mm×30mm×1170mm×1.5mm，短横梁规格为 20mm×30mm×570mm×1.2/1.5mm，对于那些对承载力有更高要求的场所，其壁厚也会进行相应的定制。目前比较常用的横梁规格为 20mm×30mm×570mm×1.2mm，并且适用于 600mm×600mm×30mm 的板块。

支架通常分为标准支架、加强支架和超强支架[89]，见表 8-4 所示。此外，还有两种特殊用途的支架：斜坡支架、收边支架。架空层的高度一般在 100～1000mm 之间，如果架空层内设有管道走线系统，其高度一般在 400mm 以上。

图 8-6　支撑构造系统

图 8-7　横梁

支架种类　　　　　　　　　　　　　　　　　　　　　　　　　　　表 8-4

支架种类		架空层高度（mm）	支撑管直径（mm）	搭配横梁规格（mm）	搭配面板规格（mm）	螺钉直径φ(mm)	备注
标准支架	平头支架	400～600	22	20×30×570×1.2、10×15×30×570×1.2	600×600×30 610×610×30	5	
	铁头支架	100～400		—	600×600×18		
加强支架		600～800	25、28、32	20×30×570×1.2、10×20×30×570×1.2	600×600×30 605×605×30	5	搭配斜撑、横拉杆和抱箍等连接件
超强支架		800～1000	38、45、73	20×30×570×1.5、10×15×30×570×1.5	600×600×30 610×610×30	5	

标准支架又分为铁头支架和平头支架等，如图 8-8 所示。平头支架由上托板、螺杆、锁紧螺母、支撑管和下托板组成，支撑管一般为 φ22mm 圆管，表面镀锌处理，具有较好

的防锈、耐腐蚀性能。铁头支架是生产供应商高档定制的支架，架空层的高度一般在100～400mm之间，其防静电性能更佳。铁头支架属于组件一体化支架，地板板面直接搭接在铁头支架四角的方格内，如图8-9所示。由于其没有横梁支撑，所以承载力有所降低，与陶瓷型、全钢型等高强度地板搭配使用，适用于600mm×600mm×18mm尺寸的地板板面。

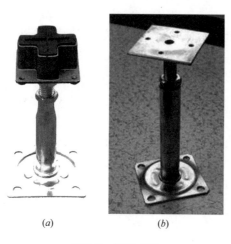

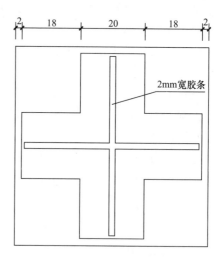

图8-8　标准支架

（a）铁头支架；（b）平头支架

图8-9　铁头支架搭接尺寸

加强支架适用于对承载力有更高要求的场所，与标准支架相比，支撑管受力性能有所加强，具有更好的承载效果，支撑管管径通常为25mm、28mm、32mm等。

图8-10　特殊支架

（a）斜坡支架；（b）收边支架

超强支架是在加强支架的基础上进行支撑管受力性能的再次加强，其承载力也更高，支撑管管径有38mm、45mm、73mm等[90]。

斜坡支架：主要用于斜坡的支撑；收边支架：主要用于对地板边缘的处理，如图8-10所示。

加强支架与超强支架的辅助配件有斜撑、横拉杆和抱箍等连接件，如图8-11所示。由于支架支撑在现浇水泥混凝土基层上，支架的平稳性受基层的影响，虽然可以通过调节支架的高度找平，但是架空层高度在一定程度上直接影响着地板的稳定性，这样的组件搭配可以增加架空层的稳定性，提高其受力性能，并且增加行走时的舒适度。

架空地板的每个支架都是独立可调的，并且与主体结构的接触面较小，由于其自身可微调节的特点，因此不受地面平整度的影响。支架支撑在现浇水泥混凝土基层上，支架与地板之间采用粘接的接触方式。支架与横梁之间采用螺钉的连接方式，横梁与面板之间采用粘接，如图8-12所示。由于架空层的存在，人在其上面行走时，往往会有震动的感觉。为了提高行走时的舒适度，支架与面板之间一般设置橡胶软垫等。

图 8-11　支架斜撑组件

(*a*) 斜撑；(*b*) 抱箍

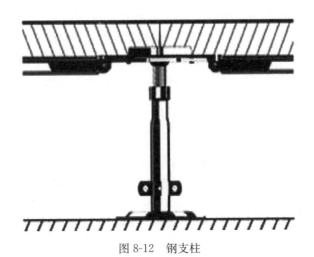

图 8-12　钢支柱

8.1.3　模数化与标准化的选取

　　模数化在产品设计中得到广泛采用，并且作为一个发展目标而被一再重视。模数化也已经得到了市场的认可，具有一定的发展优势。模数化使装配式更加合理，能够不断满足市场对标准化、适用性的要求。在许多产品设计中，模数化有着强大的竞争力，它使产品以最合理的搭配方式面向市场。只有这样，才能使产品部件化达到最优质量。虽然每个模块在空间上是独立的，但是在拼接与设计时，既要满足视觉上的舒适感，又要满足其合理搭配的要求。在施工组织现场，如果收边的板面过大，自然会造成拼接的不合理；如果板面留的太小，收边距离过短，也会造成资源的浪费，从而带来施工过程中的不可操作性。模数化的根本目标是提高效率、降低成本，因此生产厂商在面对市场时，就应本着完美装配的目标进行产品设计与生产。部品与部品之间的模数协调，要尽量做到将误差控制在最小范围内，误差以毫米计算，但是在施工工序中可能就是以厘米收尾。因此，随着工业化的不断发展，应统一各类部品的协调，使之在实践工程中形成标准，不断发展、创新。

8.1.3.1　模数定位依据

　　架空地板的尺寸应符合标准尺寸、制作尺寸。对于产品设计而言，尺寸标准化是非常关键的。国际流通制品规格的国际标准化组织（ISO）把建筑构成体的基本模数单位定为100mm的倍数。架空地板体系作为装修一体化的重要组成部分，其模数化也与全装配密切相关，架空地板的尺寸一般采用3M为基本模数（1M＝100mm），进而将其作为业内最常用的模数。模数化可作为产品设计的基本模数，为产品提供统一的尺寸设计，使产品更加规范。模数化的网络组成基准系统可以充分发挥材料的适用性与更换性，使架空地板的尺寸更加合理化。

8.1.3.2　空间模数定位

通过综合考虑产品设计模数化各方面，模数化的定位方法采用等差数列。等差数列：根据初项与公差决定，定义为正整数数列，如数列以300mm为单位，则表现为300mm的倍数，我们确定构成基材以300mm为基本单位。就现在装修市场而言，模数化虽未完全系统化，但在一定程度上避免了再加工步骤。模数化应用的系列：我国的装修产品设计采用100mm作为基本模数单位，向上扩大模数范围，架空地板的尺寸以300mm为模数单位，采用300mm、600mm、900mm、1200mm数列，以100mm进级的基数为补充数列，这样可能出现800mm、1000mm等数字[91]。地板板块与墙体、管道走线等连接位置时，收口形式以及与家具等协调时，应设定一定的调整余量，以便能够合理进行尺寸协调。架空地板的尺寸应按等差数列进行设计，确定长宽。现场施工时采用微调节的方式，尽可能地使分割后的材料符合基材标准。

当地板板块不能满足模数化标准时，例如在墙体收边位置时，应按照实际的收边地板尺寸现场对板面进行切割，并搭配收边横梁和支架。收边的尺寸应达到设计标准，地板宽度不得少于15cm，切割板块的质量也应满足要求，墙与切割好的地板之间的间隙必须在1.5mm左右，须经过微处理才能进行安装，并且安装过程应符合施工要求，不可有起鼓现象发生。支架支撑在现浇水泥混凝土基层上，并且与主体结构的接触面较小，支架的平稳性受基层的影响，但是架空地板的每个支架都是独立可调的，因此不受地面平整度的影响。虽然可以通过调节支架的高度找平，但是架空层的高度也应符合标准尺寸，其表现为10mm的倍数。

8.1.3.3　标准化的选取

架空地板系统作为室内装修的一部分，在选料及施工环节，业主一般有两个选择：一是在材料设计以及施工方面由装潢公司代理，装潢公司的设计师负责材料设计，施工由装潢公司找施工队完成，最后的材料费和施工费统一给装潢公司，即所谓的包料包工。二是在装修一体化的引导下，业主自行购买材料，找施工人员操作，施工费交给装潢公司，材料费完全由自己负责。对比这两种模式，前者由于业主在材料设计上缺少认知，在一定程度上限制了业主的自主性和选择性，业主只能通过自己些许的装修经验确定简单的样式，没有自己对材料的理解。而后者是业主直接面对材料生产商，选料环节更有自主性，在一定程度上加入了自己的想法和对材料的理解，并且更加节省装修费用。无论哪种模式，装修一体化正在成为建筑装修的主要趋势。

由于架空地板材料有着不同种类的搭配，因此有着多种多样的风格。但是其功能及性能也应达到标准，在物理性能上，防火、耐磨、耐腐蚀性等要满足要求；机械性能上应满足强度高、耐冲击力强等要求；室内美化上要满足材料的色泽、质感等要求。业主在材料设计时，需对装修材料的这些功能及性能进行一定的了解，包括板面的规格、样式和质量，以及材料的加工工艺和安装方式，如表8-5所示。

架空地板材料选择表　　　　　　　　　表 8-5

场所	材料	颜色	规格（mm）	踢脚板	
				规格（mm）	颜色
办公楼、写字楼	全钢型地板、铝合金型地板	乳白色	600mm×600mm×30mm、605mm×605mm×30mm、610mm×610mm×30mm	12×120	木色
餐厅、酒店	防静电地坪	金黄、暗红、米黄			
舞蹈室、健身房	防静电地坪、PVC地板	土黄、浅蓝			

　　装修一体化的目的是使装修部件化，从而将复杂的装修工程转变为分部工程，使用户在进行装修时更加细致地选择，提高装修的设计品位和质量，并且节约成本。建造工业化、部件化可以充分地利用资源，提高整个装修市场的技术水平及管理水平，促进整个领域的标准化研究和个性化设计。如何将个性化设计融入装修一体化与精装修中已成为一个问题，市场推出了轻装修、简装等想法，但是装潢公司和生产厂商在市场定位时，需要面对很多难题，例如如何将个性化设计与标准化相互协调。如果标准化直接限制个性化设计，就不能满足用户的特殊需求，如此，不如将标准化设计好，针对市场分好类别，从而可以使用户客观、理智地选择产品。

　　架空地板的支架由上托板、螺杆、锁紧螺母、支撑管和下托板组成，上托板厚度为2.5mm，下托板厚度为3mm，方钢横梁搭接上托板的尺寸如图8-13所示。在对构造系统进行选择时，消费者可以从两个角度考虑：如果选择方钢横梁形式，则从表8-6中对构造系统进行选择；如果对横梁形式没有要求，则直接从架空层高度方面进行选择，如表8-7所示。

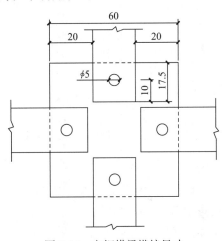

图 8-13　方钢横梁搭接尺寸

方钢横梁选择表　　　　　　　　　表 8-6

方钢横梁规格/mm	搭配组件	规格（mm）	备注
20×30×570×1.2	支架	架空层高度（400～600）、支撑管直径（22）	搭配斜撑、横拉杆和抱箍等连接件
		架空层高度（600～800）、支撑管直径（25、28、32）	
20×30×570×1.5	面板	600×600×30	
	螺钉	5	
	支架	架空层高度（800～1000）、支撑管直径（38、45、73）	
	面板	600×600×30	
	螺钉	5	

方钢横梁形式支架选择表　　　　　　　　　表 8-7

支架种类	架空层高度（mm）	支撑管直径（mm）	方钢横梁规格（mm×mm×mm）	面板规格（mm×mm×mm）	螺钉直径ϕ(mm)	备注
标准支架	400～600	22	20×30×570×1.2	600×600×30	5	搭配斜撑、横拉杆和抱箍等连接件
加强支架	600～800	25、28、32				
超强支架	800～1000	38、45、73	20×30×570×1.5			

对于民用建筑而言，在架空地板的设计环节，应根据功能上的要求，对架空地板的构造系统进行合理的搭配。由于架空地板组件有着不同种类的搭配，因此有着多种多样的配套形式，但是架空地板的功能及性能应达到标准。冷弯帽型钢横梁采用直角卷边，以方钢横梁的搭接尺寸为基础，对其搭接尺寸进行设计，如图 8-14 所示。

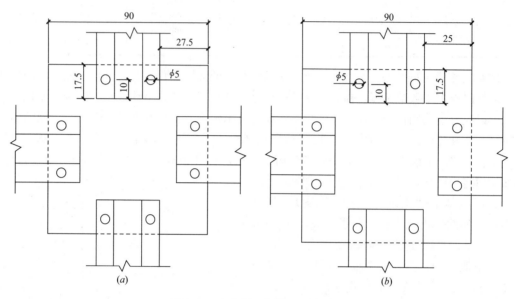

图 8-14　冷弯帽型钢横梁搭接尺寸

（a）型号 ML-1；（b）型号 ML-2

由于地板镶嵌入横梁围成的方格内，横梁表面会暴露在外面，因此使用贴面材料聚氯乙烯塑料、PVC 塑料板等对其进行修饰，贴面之间使用胶条相连，胶条宽度为 2mm，其平面搭接图及剖面如图 8-15 所示。

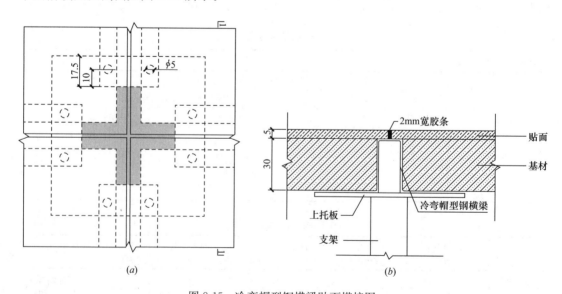

图 8-15　冷弯帽型钢横梁贴面搭接图

（a）冷弯帽型钢横梁贴面搭接平面图；（b）冷弯帽型钢横梁贴面搭接 1-1 剖面图

如图 8-15（a）灰色部分所示，支架正上方、贴面下方存在十字形架空层，需要使用基材垫块对其进行填充。标准垫块及其截面尺寸，如图 8-16 所示。

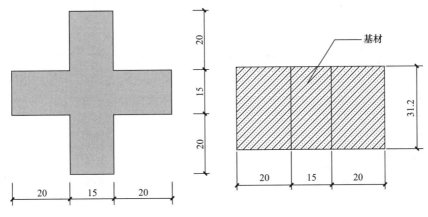

图 8-16　标准垫块

在对构造系统进行选择时，消费者可以从两个角度考虑：如果选择帽型钢横梁形式，则从表 8-8 中对构造系统进行选择；如果对横梁形式没有要求，则直接从架空层高度方面进行选择，如表 8-9 所示。

帽型钢横梁选择表　　　　表 8-8

帽型钢横梁规格 （mm×mm×mm×mm×mm）	搭配组件	规格（mm）	备注
10×15×30×570×1.2	支架	架空层高度（400～600）、支撑管直径（22）	搭配斜撑、横拉杆和抱箍等连接件
	板面	610×610×30	
	贴面	625×625×5	
	螺钉	5	
10×20×30×570×1.2	支架	架空层高度（600～800）、支撑管直径（25、28、32）	
	板面	605×605×30	
	贴面	625×625×5	
	螺钉	5	
10×20×30×570×1.5	支架	架空层高度（800～100）、支撑管直径（38、45、73）	
	板面	610×610×30	
	贴面	625×625×5	
	螺钉	5	

帽型钢横梁形式支架选择表　　　　表 8-9

支架种类	架空层高度 （mm）	支撑管直径 （mm）	帽型钢横梁规格 （mm×mm×mm× mm×mm）	板面规格 （mm×mm）	贴面规格 （mm）	螺钉直径 ϕ(mm)	备注
标准支架	400～600	22	10×15×30×570×1.2	610×610	625×625	5	搭配斜撑、横拉杆和抱箍等连接件
加强支架	600～800	25、28、32	10×20×30×570×1.2	605×605			
超强支架	800～1000	38、45、73	10×15×30×570×1.5	610×610			

8.2 施工安装技术

8.2.1 技术准备

（1）对各个相关专业进行图纸的审查，例如电气、管道、消防、通风等。

（2）对施工工序有明确地了解，并且仔细阅读图纸相关内容，结合图上的具体内容并按照行业规范确定质量要求。明确设计房间的总面积以及组合配件的数量，并进行产品优化，设计出最好的搭配产品。

（3）明确施工工序后，对施工进行整体的布局，并结合图纸进行监理的审批，经批准后按规定执行。

（4）经过监理的严格审批后，对各专业人员进行技术交底并进行相应的准备工作。

8.2.2 设计要点

（1）由于地板的材料属于方材和条材，其物理性能和机械性能不但要达到产品设计要求，而且应符合相应设计规范的规定。

（2）架空地板的架空层高度应根据具体使用情况设计，如果架空层内设有管道走线系统，其高度一般在 400mm 以上。架空地板的板面可以拆卸更换，但必须经专业人员操作，以免造成架空层密封不够严实。

（3）为了增加地板上方的使用高度，安装架空地板支架时，可以直接铺在楼面板上，楼面板平整度符合要求才能顺利地进行施工，并且楼面板上须涂有界面剂，凝化表面使楼面不起皮。

（4）架空地板板面的铺设在安装横梁组件之后，其操作也应符合施工规范，并且与其他工程进行有序地协调。在其他工程完成后需对地面进行清理，干净无误后方可进行架空地板的铺设；地板下可使用空间，布置敷设电缆、电路、水路、空气等管道及空调系统应在安装地板前施工完毕；大型重设备基座固定应完工，设备安装在基座上，基座高度应同地板表面高度一致。

（5）架空地板表面应光滑、无污染、耐磨、平整。

8.2.3 施工条件

（1）主要机具

主要机具包括的常用设备有：电圆锯、吸盘、电钻、切割锯、螺子、水平仪、水平尺、方尺、钢尺、小线、刷子、钢丝刷、220V/50Hz 电源等，如图 8-17 所示。胶粘剂按设计要求选用或使用地板厂家提供的专用胶粘剂，容器型胶粘剂总挥发性有机物不大于750g/L，水基型胶粘剂总挥发性有机物不大于 50g/L。

（2）主要胶粘材料

① PU 聚氨酯塑胶防水粘合剂。

② 环保橡胶颗粒。

③ 预聚体。

图 8-17　机具

(*a*) 电圆锯；(*b*) 电钻；(*c*) 吸盘；(*d*) 水平仪

④ 粘合剂。

⑤ PU 材料面料。

（3）作业条件

① 在施工开始之前，对各专业人员进行技术交底并进行相应的准备工作；明确设计房间的总面积以及组合配件的数量；材料必须经过相关部门的严格检验；在施工前应做好弹线布置，以便准确无误的安装横梁，在竖直方向做好标高；地板下方的管道走线应符合设计要求，准确无误后方可进行预埋件的预埋，并且应与架空层合理搭配，表面平整度符合要求；架空地板材料应按计划有序地进场检查，合格后方可使用，并且对各个组件的数量有一定的了解；材料及施工工序经有关部门鉴定无误后，才可最终进行架空地板的整体施工。

② 架空地板材料进场后放置在房间内，应按要求侧立放置，底下应放置木块；所有组件的数量以及品种必须符合质量要求和设计要求；架空地板板面在安装前就应加工稳妥，并按照实际尺寸剪裁切割；管道、电气、抹灰等工程均已完毕；安装横梁前地面须做好弹线，以便地板铺设可以顺利进行。

（4）施工前的准备条件

① 施工场所的门、窗必须装好，水、电安装调试完好。

② 室内安装木地板部位，基层混凝土工程强度不得低于 C15。

③ 水泥地面应干燥、平整、清洁。

④ 根据会审图纸的要求，把铺设地板的基层事先做好，基层处理的好坏直接影响架空地板的铺设效果。施工前应将楼面打扫干净、整洁，含水量应小于 8％。如果需要，应刷油漆净化表面。

⑤ 在施工过程中如果有超重的设备需要进行调整，将其放置妥当后方可进行架空地板的铺设，从而使施工有序完成。

⑥ 在施工前应将标高设计完成，并且符合设计要求，经检查无误后方可进行架空地板的铺设。

⑦ 如果房间的总面积过大或者配件数量比较多，应先在施工前做出设计样本，经相关部门检测后方可组织人员操作。

（5）做防潮层

① 原水泥地坪涂石油沥青做基层防潮。

② 杉木主椽木，附椽木，毛地板朝下一面和两侧涂石油沥青做防潮、防虫、防腐处理。

（6）地板铺贴条件

① 在施工前须将架空地板板面放置在施工房间内 7 天左右，从而使板面与房间的湿度相近。

② 贴地板从场地中间弹线向两边延伸铺贴，地板间伸缩缝和地板与墙体间伸缩缝应符合构造要求。

③ 地板应按弹线进行铺设，要做到水平垂直，并且表面不能有划伤。

④ 板面应有柔光、色泽均匀，并且符合规范的规定。

8.2.4 操作工艺

（1）图纸：图纸经过会审后，施工专业人员需要对其进行阅读，了解房间的尺寸、收边距离以及留洞口的尺寸和位置。

（2）试拼：在施工前，需要对房间的板面进行校对；按照标号对板面进行有序地排列，并侧立放置。

（3）弹线：在房间的主要部位弹出互相垂直的控制十字线，用以检查和控制地板板块的位置，十字线可以弹在混凝土垫层上，并引至墙面底部。

（4）试排：弹线完成后，可以按照十字线的位置进行地板的简单试拼，板面之间的缝隙应符合要求。

（5）基层自理：在铺设地板之前将混凝土垫层清扫干净，然后洒水湿润，扫一遍素水泥浆。

（6）房间的尺寸确定后，按照正确的方向进行铺设。应该从房间的里边往外边铺，并且按照标号的顺序合理进行。当对地板板面进行四边固定时，需轻拿轻放，切忌用力放置面板，并使用橡胶锤对其进行简单锤打。每当完成一块板面的拼接，应对其找平，确保严丝合缝。

（7）抛光处理：专业人员对地板进行一定的抛光处理，有的地板材料吸水率较高，需对其进行必要的检查和更换。

（8）在横梁以及其他的工程完成后方可进行地板的铺装，从而可以确保板面无污染、无划伤。

（9）找平垫块的夹板必须要干燥，含水率小于等于当地平均湿度。先在建筑地面铺塑料防潮薄膜，垫块用水泥钢钉四角固定。

（10）当地板铺设完毕并处理干净后，周边的空隙需用胶带纸和木条进行封边，以确保整体的稳定性。

（11）每当一个施工程序完成后，需及时和监理工程师进行质量检测，确认无误后方可进行下一环节。

（12）地板的物理性能与房间吻合，在施工前，须提前 24 小时将地板运输到房间内，并且不能提前开箱，目的是使其能够很好地适应房间的温度、湿度，以便日后使用更加安全牢固。

（13）地板均采用天然的木质材料，所以外观会有一定的差异，在实际铺设时，需取外观相近的板面进行拼接。

（14）每当一个地板板块拼接完成后，需对接缝边缘处进行仔细检查，确保密封严实，以免防潮性没有达到设计规范要求。

（15）地板的铺设完成并不是最后一步，避免板面被光照射，需用窗帘进行遮盖，如果没有布置窗帘，需做遮光处理。

8.2.5　工艺要求

（1）地面清洁：由于楼面板不够平整并且有杂质，在施工前需要对其进行打扫或用利器铲掉，以便使下一步工序顺利进行。

（2）放线：事先了解房间的尺寸以及总面积，掌握组件搭配的数量和顺序，进行合理的铺设布置，原则如下：

a. 当房间的地板收边距离不符合产品设计要求时，须确定弹线的中心点，从而检查两边的尺寸，如果差别不大，地板应从外向里铺设；如果差别较大，地板须从两边同时铺设，以便减少收边对稳定性的影响。

b. 当房间内的设备尺寸无法进行控制但尺寸要求符合模数化要求时，铺设由里向外开始。

c. 当没有对设备进行留洞设计时，地板的铺设方向应综合考虑。

d. 根据设计要求确定铺设高度。

综上所述，放线的思路确定后，接下来进行弹线，在地面上画好十字线，确定横梁的位置，并在墙壁上弹好标线，以便准确地确定架空层的高度。

（3）安装固定可调支架和横梁：要按室内四周墙上弹划出的标高控制线和基层地面上已弹好的分格位置安放可调支架，并架上横梁，用小线和水平尺调整支座高度至全室等高。地板支撑的每个螺帽在调平之后都应拧紧，形成联网支架的形式。

（4）铺设活动地板：铺设活动地板块并调整水平高度，保证四角接触平整、严密，活动地板块不符合模数时，不足部分可根据实际尺寸切割后镶补（切割地板时要精细），并配装相应的可调支架和横梁。

（5）防静电接地：由于架空地板有防静电的性能，施工完成后要对其进行接地设置，并且其防静电性能应符合质量规范。

8.2.6 安全保护措施

（1）进入施工现场的所有专业工作人员必须佩戴安全帽，并按照安全规范进行操作。

（2）如果需要特殊的材料，进场一定仔细检查并进行分类，严禁明火，做到全方位的安全禁火。

（3）施工现场洞口和临边必须按照施工现场安全规范要求做好标示工作。

（4）施工现场必须按照现场规范要求施工用电和临时照明，并做好标示。

8.2.7 施工要点

（1）施工程序：基层处理→分格弹线→设置防潮垫→垫片→验收合格→地板进场保存→安装横梁组件→铺设架空地板板面→验收合格→日常维护。

（2）架空地板安装后的整体框架需要与地面稳固连接，并且施工后再次检查架空层的高度。

（3）由于架空的活动支架可以伸缩改变高度，在安装横梁时，应事先对其进行牢固连接。

（4）活动板块与横梁接触搁置处应达到四角平整、严密。

（5）当活动地板不符合模数时，其不足部分在现场根据实际尺寸将板块切割后镶补，并装配相应的可调支撑和横梁。切割边不经处理不可镶补安装，并不得有局部膨胀变形情况。收边地板宽度不得少于15cm，墙与切割好的地板之间的间隙必须在1.5mm左右，切割地板不可太紧。

（6）地板的铺设方向应考虑方便、固定牢固、使用美观的要求。对于走廊、过道等部位，应顺着行走的方向铺设；而室内房间，宜顺着光线铺设。对于大多数房间来说，顺着光线铺设同行走方向是一致的。

（7）活动地板在门口处或预留洞口处应符合设置构造要求，四周侧边应用耐磨硬质板材封闭或用镀锌钢板包裹，胶条封边应符合耐磨要求。

8.2.8 注意事项

（1）架空地板板面的周边需使用硬质材料进行包裹，四周用胶条封闭来增强耐磨性能。在收边以及安装板面需要打孔时，须对板面进行准确无误地切割，保证板面的平整，并用按照一定比例的环氧树脂、石灰粉调成的腻子对板面进行封边。架空地板板面应具有防潮的功能，应严格控制其吸水率，并时刻关注温度的变化，因为温度过高或过低会造成板面的收缩和膨胀。在与墙体收边时，当墙边缝隙符合模数化标准时，应该用收边地板或木条镶嵌，窄缝隙也可采用胶条或泡沫物质进行镶嵌。

（2）在与墙边的接缝处，宜做木踢脚线。

（3）在斜边以及通风口处，应选用特殊的板面进行布置。

（4）架空层下方预留着管道走线的位置，在安装前，应先考虑好预留处的具体位置，以便下一步的顺利完成。

（5）一定要按设计要求施工，选择材料应符合选材标准。

（6）如果对安装后的地板进行开启，应使用吸板器，切记用其他工具不按操作规范开启。

（7）在支架支撑的周边，不得有其他物质对其进行干扰。

8.2.9　地板工程与其他工程的配合

（1）隔断工程

架空地板施工完成后，可陆续进行隔断工程的施工，地板不能够抵抗隔断工程中的重击打。

（2）顶棚、墙面工程

地板施工为最后一个工程，需在吊顶工程、电气工程完成后方可施工。

（3）与水电、空调、通信工程配合

① 架空地板具有架空层，其他工程的管道走线应布置在架空层中，因此多项工程应有序进行，不得混乱施工，如金属走线的槽架应尽量远离金属支架，以免造成短路现象。日后护理时，如无特殊情况，不得随意开启地板板面。

② 如与水电配线等工程同时进行时，则应于已确定的基准点延伸地板尺寸之倍数值之落点，在配线槽时避开此一倍数值之落点即可，如现场许可，则应于高架地板进行前，先期在现场放样。

（4）与门窗工程配合

本工程施工完毕，必须关紧门窗，以防污染。

（5）仓储运输工程

① 施工仓储

如果架空地板板面和组件数量过多，应进行物料的储存，并划分仓储区、调度区，使操作有序进行。

② 材料运输

在材料进场前应事先与管理员取得联系，并通过协调后进行运输，保证材料运输到准确位置。

8.2.10　架空地板的施工

施工工序流程如图 8-18 所示。

8.2.10.1　基层处理与分格弹线

（1）基准定位：定位的准确性决定材料的合理使用，不但可以节省材料，而且还能节省体力、提高效率，弹线时最佳的选择是把两面墙作为基准线。定位放线：首先按照室内的总面积和管道走线情况决定地板板面的模数，并根据要求设计出铺设的方法。以下为铺设原则：

① 当房间的地板收边距离不符合产品设计要求时，需要确定弹线的中心点，从而检查两边的尺寸，如果差别不大，地板应从外向里铺设；如果差别较大，地板须从两边同时铺设，以便减少收边对稳定性的影响。

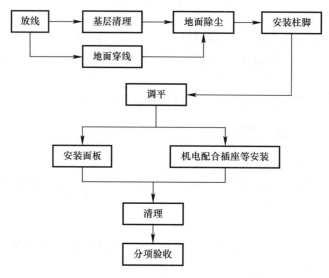

图 8-18　施工工序流程

　　② 当房间内的设备尺寸无法进行控制但尺寸要求符合模数化要求时，铺设由里向外开始。

　　③ 当没有对设备进行留洞设计时，地板的铺设方向应综合考虑。

　　（2）当弹线的定位在门口、斜坡、回旋空间等特殊位置时，则按照特殊位置的定位方法进行定位。

　　（3）在分格弹线时，以会审图纸的标准为基础。首先应根据楼面板的具体情况进行打扫，若有浮浆黏在基层上，则须用清洁工具进行清理。清理完毕后需要对上面的浮土进行打扫，最后的标准是表面整洁、无灰尘，若平整度不符合要求则需使用水泥砂浆对其进行找平。确定房间的总面积以及长宽尺寸，在地面上弹好十字线，并根据板块的尺寸把地板按照排号放置在相应的弹线位置上，弹线时最佳的选择是把两面墙作为基准线，十字线的交叉位置准确放置支架，弹线的上方位置放置横梁，如图 8-19 所示，弹线完成后需对墙体进行标高。

8.2.10.2　安装支座和横梁组件

　　（1）将底座摆平在支座点上，核对十字中心线后，开始安装支架，按支架顶面标高，拉纵横水平通线调整支架活动杆顶面标高并固定，用水平仪逐点抄平，水平尺校准支架托板。

　　（2）支架顶调平后，铁头支架不需安装横梁，对于平头支架，需弹安装横梁线，从房间中央开始，安装横梁，如图 8-20 所示，横梁安装完毕，测量横梁表面平整度。

　　（3）底座与基层之间注入环氧树脂，使之垫平并连接牢固，然后复测再次调平。

　　（4）先将活动地板各部件组装好，以基准线为准，按安装顺序在方格网交点处安放支架和横梁，固定支架的底座，连接支架和横梁，在安装过程中应随时抄平转动支座旋杆，调整每个支座面使其标高一致。

　　（5）在所有支架和横梁构成框架成为一体后，应用水平仪抄平，然后将环氧树脂注入支架底座与水泥类基层之间的空隙内，使之连接牢固，也可用膨胀螺栓或射钉连接。

图 8-19　分格弹线

图 8-20　安装横梁

8.2.10.3　铺设活动地板

（1）在安装横梁之前，要在横梁上安放缓冲胶条，并将胶条与横梁粘结牢靠，架空地板板块放在胶条上。铺设地板时应用吸盘进行吸附，并确保地板周边与胶条接触严实，不可采用加垫层的方式，如图 8-21 所示。在铺设冷弯帽型钢横梁地板时，在地板通过吸盘吸附及安装标准垫块后，须使用贴面材料聚氯乙烯塑料、PVC 塑料板等对其进行修饰，

图 8-21　铺设活动地板

贴面材料与基材之间使用环氧树脂对其进行粘合。

（2）铺设地板时应根据房间的总面积和长宽尺寸以及设备管线选择合理的铺设顺序，如果无管道走线或模数化符合要求，则应从房间内向外铺设，如果没有管道走线但模数化不符合要求，则应从房间外向里铺设-当没有对设备进行留洞设计时，地板的铺设方向应综合考虑。

（3）现场铺设地板板块时，收边位置的板块应根据实际所需尺寸对板块进行切割，并搭配收边支架和横梁，收边板块的四周边缘位置必须符合材料的质量要求。

（4）铺设活动地板面层的标高应按设计要求确定，当平面是矩形时，其相邻墙体应互相垂直，与活动地板接触的墙面的缝应顺直，其偏差每米不应大于 2mm。

8.3 施工验收和日常维护

8.3.1 架空地板施工完毕验收标准

（1）地板板块之间应接缝严密、周边顺直、镶嵌精准无误，板面应纹路清晰、无划痕，无磕碰、掉漆、缺楞、掉角等现象。

（2）架空地板的材质、品种、式样、规格应符合设计要求。

（3）架空地板的支架应定位准确，与横梁连接处不得松动且连接牢固。面层与下一层应结合牢固，无空鼓。

（4）饰面板安装工程的预埋件、连接件的数量、规格、位置、连接方法和防腐处理必须符合设计要求。

（5）活动地板面层应排列整齐、表面色泽一致、接缝均匀、周边顺直、标高准确。

（6）表面无污染、反锈等缺陷，面层的接头位置应错开、缝隙严密、表面洁净。

8.3.2 架空地板允许误差

架空地板允许误差如表 8-10 所示。

允许误差 表 8-10

核查项目	允许误差（mm）	检验方法
表面平整度	2	2m 靠尺和楔形塞尺检查
表面拼缝平直	2.5	5m 线和钢尺检查
接缝高低差	0.3	钢尺和楔形塞尺检查
板面缝隙宽度	0.2	钢尺检查
支架高度	±4	水平仪检查

8.3.3 质量通病的防治

（1）板面平整度偏差较大：首先，在施工前就应该检查基层的平整度，其标注须达到产品设计的要求，基层的平整度没有符合规定就会直接导致板面不够平整。支架和横梁应按施工工艺控制标高，整体完成后还要整体抄平，在所有支架和横梁构成框架成为一体后，再次应用水平仪抄平，最后一步是在支架底部与基层之间放入环氧树脂使其连接牢固，必要时也可使用射钉。

（2）板面不洁净：在开始施工之前，板面应有序放置在干净、干燥的装箱中，其表面应无污染，不得受损，并且板块与板块之间应放隔离垫。后续工程在板面上施工时，必须进行遮盖、支垫，严禁直接在活动板面上进行动火、焊接、和灰、调漆、支铁梯、搭脚手架等不良施工行为。

（3）行走有声响、摆动：每当一个支架和横梁组件完成后，须及时对其进行水平仪抄平，待整体达到稳定时，再在支架底部与基层之间放入环氧树脂使其连接牢固，也可用膨胀螺栓或射钉连接。在横梁搭接在支架之前应在横梁上放置缓冲胶条，并将横梁与支架用乳胶液进行粘合，不平整处不得加垫层。

8.3.4　应急处理方案

（1）面板摇动：首先检查板面与横梁之间是否有杂质，再次检查支架头的位置，确保其无松动，并保证横梁与支架之间连接牢靠；检查支架底部是否平坦，如不平坦，可调整支架，以确保地板系统的水平平整；如果板块的整体平整度不能进行有效调整时，可采用将板块旋转 90°的方法。

（2）面板倾斜：检查支架的放置是否平整，如不平整，可通过调整支架头的水平度进行解决。

8.3.5　成品保护措施

架空地板施工结束后，为避免装修过程中对架空地板造成影响，须对地板的成品或半成品进行保护。无序的装修工程会对地板造成二次污染和损坏，因此必须调度好交叉工程并加强产品的保护制度。每当交接下一项工程时，应对上一步的工序进行检查并提交转接手续。

（1）架空地板的施工工序应与其他工序合理组织进行，防止其他工程的后续修补。

（2）在架空地板的施工完毕后，应对施工区域及时保护，避免下一道工序对板面及组件造成影响。如果在板面上放置设备，需要轻拿轻放，切忌用力拖拉。由于板面与设备的接触面积不能太小，要用软胶条在底部增加垫层。当集中荷载过大时，应在相应位置使用加强支架或超强支架。

（3）避免利器直接触碰板面，如在其上面行走，不得穿钉子鞋，避免板面受到损坏。

（4）如对板面进行清洁，须用软布沾洗涤剂轻轻擦洗，待清理完板面后再用干软布擦干，清理过程中应注意避免板缝中进水。

8.3.6　施工时应注意的质量问题

（1）材质不符合要求

原因分析：地板材料在施工前未进行合格的筛选。

防治措施：地板材料的材质应符合物理性能、机械性能的要求，并且在产品设计上达到行业的规范及标准，材料要有产品合格证。

（2）面层高低不平

原因分析：安装支架的过程中控制不够严格，导致支架不够平整。

防治措施：在安装前做好楼面的标高，应使用水平仪逐一测量，在斜坡、门口、管道洞口等位置应做特殊处理。

（3）交叉施工影响

防治措施：当完成基层方格网弹线后，应及时铺设活动地板下的各种管线及电缆，保证后续施工时不碰撞支架，在安装面板前保证所有管线、电缆准确无误并有各方交接签认记录。

（4）缝隙不均匀

防治措施：板块与板块的接缝处应排列整齐，在设备洞口处板面要对称分布、缝隙均匀。

（5）表面不洁净

防治措施：在日常的使用中，注意对板面的清洁和维护。

8.3.7 日常维护细节

（1）禁止使用锋利的器具直接在防静电地板表面施工操作，防止破坏表面的防静电性能和美观程度。

（2）禁止人员从高处直接跳落到地板上，禁止搬运地板时野蛮操作，损坏地板。

（3）在地板上移动设备时，禁止直接在地板上推动设备，防止划伤地板，正确做法是抬起设备进行搬运。不可将机房中的重型设备直接放于防静电地板上，这样易造成地板因长期负重而变形。

（4）在地板刚铺设完毕后，要经常保持室内空气的流通。

（5）使用中千万不能用水浸泡地板，若有意外，应及时用干拖布拖干地板。

（6）保持地板干燥清洁，地板表面如有污物，一般用不滴水的潮拖把擦干即可。

（7）防止地板被炊具炙烤而变形。

（8）门前应放置一块蹭脚垫，减少沙粒对地板的磨损。

（9）人员在上面行走时不应故意摇晃；不应出现架空地板之间因摩擦而产生的尖啸声。

（10）用地板专用清洁剂清除斑点和污渍，不可用有损伤性能的物品清洁，例如金属工具、地板摩擦垫和漂渍粉。

（11）大型重设备在地板上施工，设备安装在基座上，基座高度应同防静电地板表面高度一致（也可以在防静电地板铺好后安装设备，但要注意保护防静电地板）。

（12）在日常使用中可用干净的拖布和抹布保持板面的清洁，注意不要把大量的清洁剂洒在地板上，以免液体流到架空地板下面影响下部的线路及设备的正常运行。

（13）在架空地板上放置较重物品时，应平稳摆设，以免砸伤地板。

（14）对架空地板下部空间的设备进行使用维护时，应用架空地板吸板器进行架空地板的安装，拆装架空地板要轻拿轻放，以免损伤架空地板。

8.4 小结

本章重点介绍了架空地板系统的设计定位方法及施工安装技术，施工程序：基层处理→弹线→铺设防潮垫→垫片铺设→验收→地板进场堆放→安装横梁与支架组件→铺设地板→验收→成品保护。设计定位方法的合理使用,既节省空间达到模数化,又能体现架空地板的装配式优势。

目前关于架空地板系统的研究还不够全面,在构造系统研究、适用性研究、模数化研究等方面并没有采取很多措施。本章对我国实施建筑装修体系的可操作性进行了较为深入的科学分析。在研究的基础上,综述了架空地板系统的设计定位方法、施工安装技术、构造要求等标准化方面的内容,并在模数化设计方面提出建议。模数化设计可以提高施工效率、节约建筑材料和减少建筑垃圾,是建筑设计标准化、施工机械化、装配化、构件生产工厂化的必由之路。通过模数协调得出最优的部件搭配形式,设计出最佳的配套产品,达到模数化设计的目的。

虽然架空地板在绿色节能材料研究方面缩小了与发达国家的差距,但是架空地板作为钢结构装修一体化的一个分支,在设计方案时,既要遵循省材、实用、安全、美观、绿色的原则,又要朝着标准设计化方向发展。

第9章　新型钢结构整体卫浴结构方案

9.1　概述

为满足钢结构建筑的工业化生产需求，本章根据整体卫浴的设计理念，结合钢结构建筑自身的特点及设计和构造要求，又参照住宅整体卫浴推荐规范的相关标准，具体提出了两种以等边角钢为主要构件，专门用于钢结构建筑的，与主体结构进行连接的新型钢结构整体卫浴结构方案。由于角钢主要由两个表面光滑且为矩形的边组成，且夹角为90°，恰好可以成为相互垂直的水平板件和竖直板件的连接件。

方案一：整体卫浴与柱的连接。方案二：整体卫浴与次梁的连接。包括新型钢结构整体卫浴具体的结构形式、与主体结构的连接形式、节点连接形式、与主体结构的距离以及构件尺寸长短及布置。使其大幅度提高整体卫浴的刚度、强度、稳定性，并通过与主体结构的可靠连接，保证支座预埋件节点和支撑连接件能在整体卫浴承受的地震作用时将全部传递水平地震里传到主体结构上。使整体卫浴在遭遇设防烈度地震作用后不影响其正常的使用功能，不会因为连接节点和构件的强度不足而发生局部破坏，也不会发生整体屈曲，更不会发生整体倾覆。

9.2　位置选择

选择整体卫浴的安装位置时，应该根据室内装修设计方案，选择一个有建筑平面凹角的位置安装整体卫浴，以便最大限度提高建筑空间的利用率。方案一凹角处必须要有角柱或边柱，以供 L 型水平支撑的连接。方案二则需要综合考虑整体卫浴的开口方法和次梁的布置方式，合理安放整体卫浴。此外还要尽量靠近给排水主管线，以方便管线的安装布置。

9.3　尺寸和材料

考虑到盥洗、如厕、淋浴等多功能要求，优先选择整体卫浴常用的外形组合尺寸：2400mm×1600mm×2200mm。由于整体卫浴属于附属设备，受地震荷载作用较小，应首先考虑选择小尺寸角钢，但选择的角钢两边尺寸也要保证与 SMC 壁板有充足的搭接长度和安装尺寸，所以综合考虑可选择的最小角钢杆件规格为：L 50×50×3。为方便实现标准化生产和装配，外形美观，所有角钢构件均采用统一尺寸L 50×50×3。为保证无火施工，所有连接节点均采用螺栓连接，按构造要求，螺栓全部采用普通螺栓

M8。为便于构件的制作和加工，且结构受力较小，所用钢材均采用 Q235B 级钢[92]。保证节点处的连接强度和角钢杆件强度满足使用要求，尽量减少构件种类。

9.4　构件选用

根据设计需要，除整体卫浴与主体结构的连接形式不同，其余两种方案选用规格一样的角钢和螺栓，选择一样尺寸的节点板和支座。除方案二需要设置一定数量的连接件外，其余构件的数量基本相同。整体卫浴所用构件数量见表 9-1。

构件数量　　　　　　　　　　　　　　　　　　　　　　　　表 9-1

方案	矩形边框	角钢柱	节点板	水平支撑	角钢连接件	支座	螺栓
一	2	4	8	4	0	4	28
二	2	4	6	3	6	4	36

9.5　结构形式

9.5.1　整体卫浴与柱的连接

两个沿宽度方向的水平支撑 KZ1、KZ2 与两个 L 型水平支撑 CZ1、CZ2 先在右夹角处相交，并通过螺栓连接在一起。再通过两个 L 型水平支撑 CZ1、CZ2 将整体卫浴连接到整体结构柱上。然后通过四个支座 ZZ1、ZZ2、ZZ3、ZZ4 与楼板上设置的预埋件进行连接，最后通过螺栓进行安装固定。结构三维模型如图 9-1、图 9-2 所示。

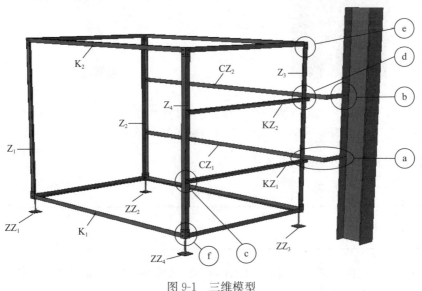

图 9-1　三维模型

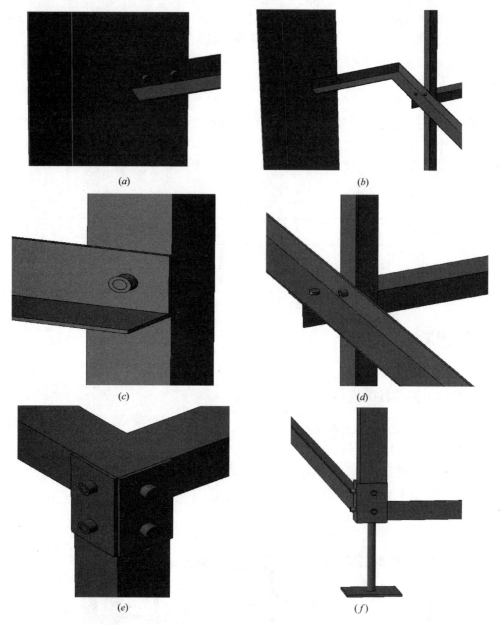

图 9-2　方案一连接节点详图

(*a*) L 型支撑与柱连接；(*b*) L 型支撑布置；(*c*) 支撑与角钢柱连接；(*d*) 水平支撑连接；(*e*) 节点板安装；(*f*) 支座处连接

各构件代号及对应名称见表 9-2。

代码名称　　　　　　　　　　　　　　　　　　　　　　　　　　　　　表 9-2

代码	K1	K_2	Z_1、Z_2、Z_3、Z_4	ZZ_1、ZZ_2、ZZ_3、ZZ_4	KZ_1、KZ_2	CZ1、CZ2
名称	底框	顶框	角钢柱	支座	宽向水平支撑	长向水平支撑

　　各节点的具体连接形式，自身安装的连接节点及构件的精确位置关系，与主体结构之间的连接节点，如平面图 9-3～图 9-15 所示。

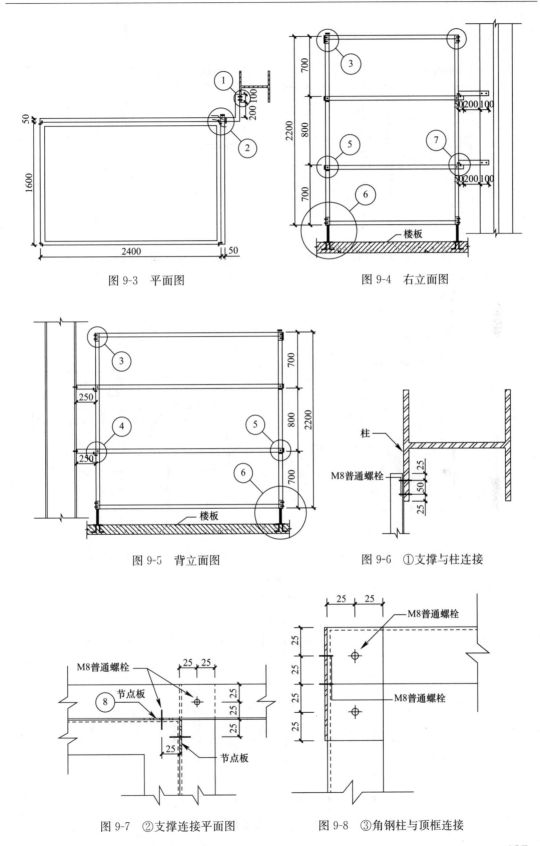

图 9-3　平面图

图 9-4　右立面图

图 9-5　背立面图

图 9-6　①支撑与柱连接

图 9-7　②支撑连接平面图

图 9-8　③角钢柱与顶框连接

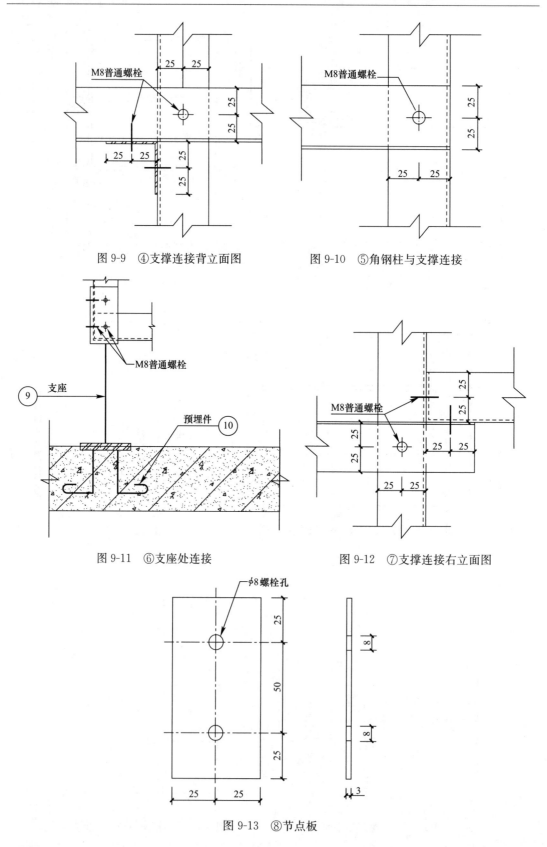

图 9-9 ④支撑连接背立面图

图 9-10 ⑤角钢柱与支撑连接

图 9-11 ⑥支座处连接

图 9-12 ⑦支撑连接右立面图

图 9-13 ⑧节点板

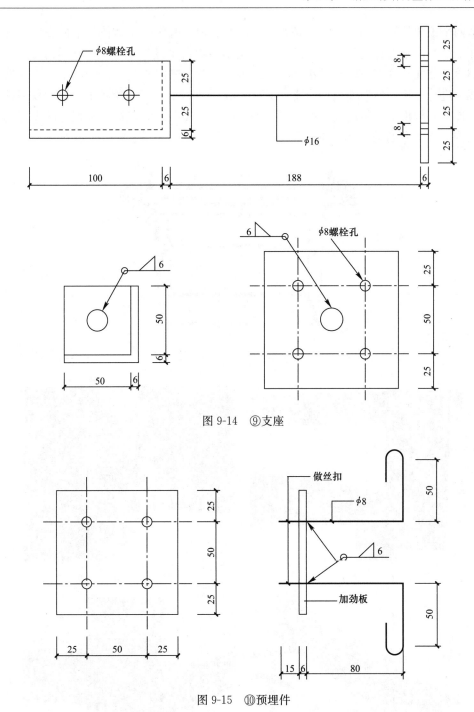

图 9-14　⑨支座

图 9-15　⑩预埋件

9.5.2　整体卫浴与次梁的连接

整体卫浴通过四个竖向角钢连接件 LJ1、LJ2、LJ3、LJ4 和两个水平角钢连接件 LJ5、LJ6 与次梁进行连接。且四个竖向角钢连接件的顶部边缘和两个水平角钢连接件的顶部边缘在同一竖直标高上。四个 300mm 长的竖向角钢连接件 LJ1、LJ2、LJ3、LJ4 安装于整体卫浴四个顶角外侧，同时代替了顶角外侧的节点板，既实现了整体卫浴的安装，又保证了整体卫浴与次梁的连接。两个长度可根据次梁间距自由选择水平角钢连接件 LJ5、LJ6，通过螺栓安装在整体卫浴两侧的次梁下翼缘内侧，四个竖向连接角钢和两个水平连接角钢通过螺栓进行连接。然后通过四个支座 ZZ1、ZZ2、ZZ3、ZZ4 与楼板上设置的预埋件将上部结构连接到楼板上，最后通过螺栓进行安装固定，支座处的连接和预埋件的设置同方案一。结构三维模型如图 9-16、图 9-17 所示。

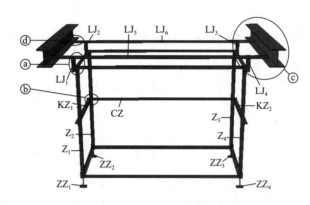

图 9-16　三维模型

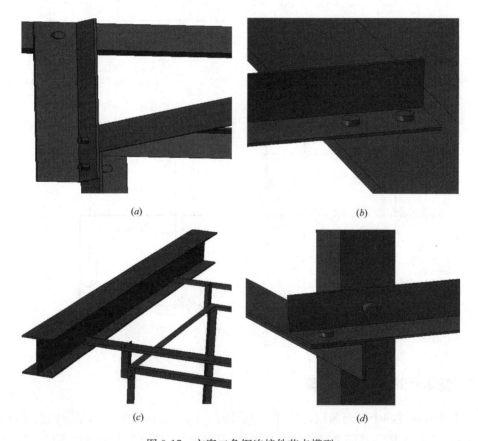

图 9-17　方案二角钢连接件节点模型

（a）竖向角钢连接件安装；（b）水平角钢连接件与次梁链接；（c）水平角钢连接件安装；（d）水平支撑连接

各构件代号及对应名称如表 9-3 所示。

代码名称							表 9-3
代码	K_1	K_2	Z_1、Z_2、Z_3、Z_4	ZZ_1、ZZ_2、ZZ_3、ZZ_4	KZ_1、KZ_2	CZ	LJ_1、LJ_2、LJ_3、LJ_4	LJ_5、LJ_6
名称	底框	顶框	角钢柱	支座	宽向水平支撑	长向水平支撑	竖直连接件	水平连接件

构件各节点的具体连接形式，自身安装的连接节点及构件的精确位置关系，与主体结构之间的连接节点，如图 9-18～图 9-25 所示。

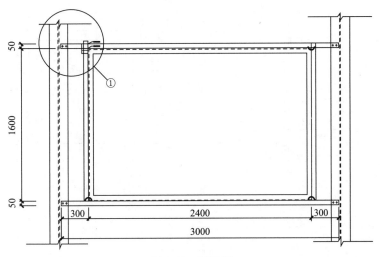

图 9-18　平面图

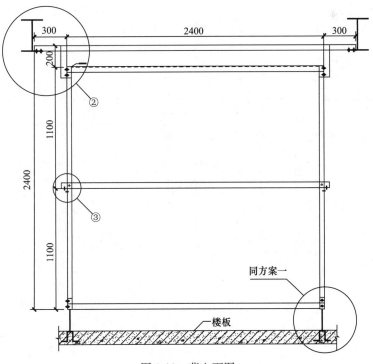

图 9-19　背立面图

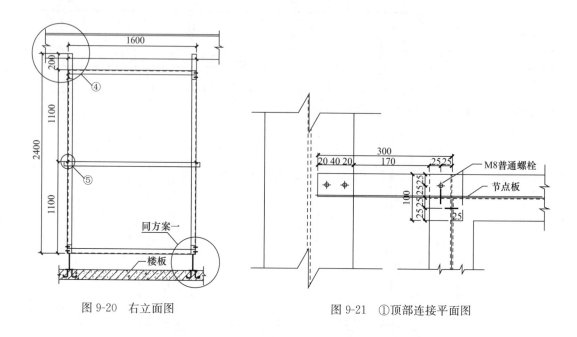

图 9-20 右立面图

图 9-21 ①顶部连接平面图

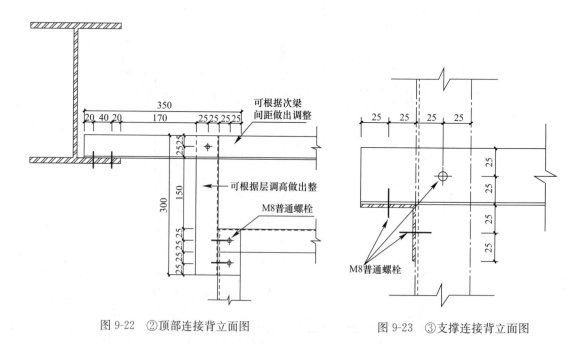

图 9-22 ②顶部连接背立面图

图 9-23 ③支撑连接背立面图

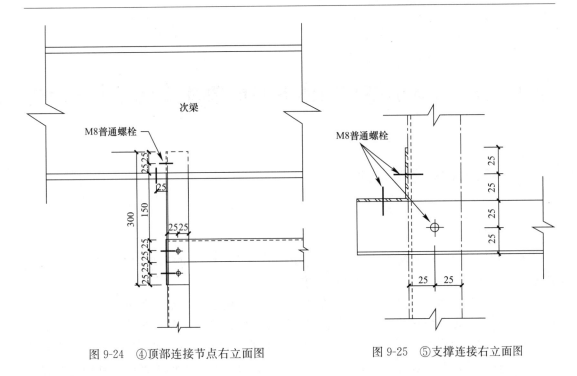

图 9-24　④顶部连接节点右立面图　　　　图 9-25　⑤支撑连接右立面图

9.6　整体卫浴底盘

　　整体卫浴防水底盘是整体卫浴的关键部件，直接决定着整体卫浴的防水效果。整体卫浴防水底盘是 SMC 板材经过热塑加工后制成的槽形构件。整体卫浴最大的特点即最佳的防守效果主要是通过一体化的防守底盘来实现的。

　　普通整体卫浴防水底盘四边卷起 75mm 高。经过三次弯折后形成水平接触面，水平接触面与板厚同宽，很好地实现了与壁板的安装，提高了壁板的稳定性。形成高 25mm 的竖直翻边，阻止了整体卫浴间内的水从底盘和壁板的接触处溢出，起到了良好的防水效果，如图 9-26 所示。

　　新型钢结构整体卫浴防水底盘亦是四边向上弯起的槽型构件。为了能够与角钢底框完全吻合，四边上弯 90°，卷边高 31mm。竖直立面高度 31mm 大于 25mm，可以保证与底框和壁板有充足的搭接长度和安装尺寸。由于壁板直接与底盘表面顶紧接触，生产中只需要保证选用同尺寸厚度的板材即可，不需要具体板厚。壁板与防水底盘接触面可能留有缝隙，可以通过安装时沿板缝处进行打胶处理加以克服，以方便日后清洁。新型防水底盘仍具有良好的防水效果，且加工更方便，施工更简单，如图 9-27 所示。

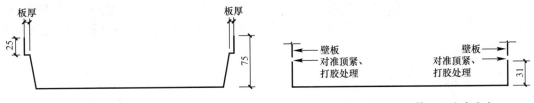

图 9-26　普通整体卫浴防水底盘　　　　　图 9-27　钢结构整体卫浴防水底盘

第10章 新型钢结构整体卫浴框架及节点的抗震分析

10.1 ABAQUS 软件简介

10.1.1 概述

本章使用 ABAQUS 软件，对上一章介绍的两种结构形式进行拟静力分析，以验证其在地震荷载作用下的性能是否满足使用要求。

ABAQUS 作为世界上应用最广泛的大型有限元分析软件，不单单可以对简单的线性问题进行分析，还可以对非线性问题进行准确有效地分析。ABAQUS 软件在结构分析领域的非线性问题分析上得到了诸多用户的认可，其非线性分析中包括了材料的非线性、状态的非线性和几何非线性等许多方面。ABAQUS 拥有非常庞大的单元库，其中包含着实体单元、壳单元以及刚体单元等种类齐全的单元类型，多达 433 种，充分满足了各种复杂分析对单元类型选择的要求。为分析提供了更多的选择余地，并更能深入反映细微的结构现象和现象间的差别。除模拟常规结构外，还可以实现管道、连接接头、外加掺和材料混凝土和纤维加强结构等具有工程实际意义的结构力学行为分析。除此之外它还拥有一个丰富的材料数据库，里面有多种材料模型，仅橡胶材料模型就达 16 种。除了金属材料的传统模拟，还能有效地模拟复合材料、土壤、碳纤维、塑料材料的高温蠕变及其他特殊材料。ABAQUS 可以进行多领域的问题分析，有些甚至是其他有限元分析软件所不能完成的，比如电学中的电介质分析，质量扩散分析、声学分析等。另外 ABAQUS 对疲劳和断裂分析是特别有效的，其能够定义多种断裂与疲劳失效准则[93]。

ABAQUS 不仅数据库齐全广泛、分析能力强大，而且通过使用 CAE 人机交换界面，操作起来特别方便快捷，非常容易掌握。分析时只需要输入相应的参数，包括材料的物理特性、模型的边界条件和尺寸等外形特征，计算机便会自动控制模型的手里分析过程，并得到理想的结构。通过在 step 模块中设置输出结果，可以得到任何理想的结果。在进行由多构件组成的复杂多体弹塑性分析中，只需先建立单个构件的模型，然后再将他们组装在一起就可以了。最后输入单个构件的物理参数、形状参数以及边界条件等，就可以进行分析，这大大简化了建模的难度。分析中，计算机会根据变形和内力大小的变化和分析难易程度的不同，自动调整增量步的大小，选取一个合适的荷载增量，保证分析结果的精确。总之 ABAQUS 经过多年的不断完善和发展已经得到了业界的认可，其分析出的结果的准确性也被接受。

10.1.2 ABAQUS 模块

采用 ABAQUS 分析问题的过程可分为三个阶段：前处理阶段、分析问题阶段和后处理阶段。其主要由十个功能齐全的模块组成，一个用于绘图的 Sketch 功能块，八个 CAE 处理功能块，一个 Job 求解功能块。其中 CAE 前处理阶段包括七个前处理模块：部件、特性、装配、分析步、网格、分析步、接触，在后处理阶段包含了一个后处理功能块：可视化（Visualization）。分析问题阶段由一个 Job 模块来完成，其中包含两种针对不同分析而用的不同求解器：应用于静态分析、非线性耦合物理场分析的 ABAQUS/Standard 隐式求解器；应用于非线性静力分析、瞬时动态分析、冲击分析等的 ABAQUS/Explicit 求解器。由于 ABAQUS 通用分析（Standard）和 ABAQUS 显示动态分析（Explicit）是同一公司的系列产品，它们之间的数据传递与转换功能十分方便，可以很轻松实现静力和动力相结合的模拟计算情形。其中 ABAQUS 前后处理模块中最大的一个特点是 ABAQUS/CAE 拥有一个支持求解器的图形用户界面。此外 ABAQUS 还提供了专门用于某些具体分析的特殊的功能模块，如模拟海上结构受波浪、风荷载及浮力影响的 ABAQUS/Aqua。对于其他软件不易得到收敛的非线性分析过程，采用 ABAQUS 分析更加智能，结果容易收敛，对于其他软件模拟过程收敛的非线性问题，采用 ABAQUS 计算能够加快收敛速度，并更加容易操作和使用。

10.1.3　ABAQUS 静力分析

结构静力分析（static analysis）作为 ABAQUS 和有限单元法的最基本应用被广泛应用于各大领域。其适用于惯性、阻尼、自振周期、振型对结构构件响应不明显的求解问题，主要用来分析由于稳态外荷载所引起的内力、位移、应力、应变等，主要有在结构构建的外部施加的力、稳态的惯性力、位移和温度等[94]。这类问题通常采用静态通用（Static，General）分析步或静态线性摄动分析步进行分析来研究结构的静态响应。

根据材料参数的不同，结构静力分析又可以分为线性静力分析和静力弹塑性分析。

线性静力问题是最普遍的有限元分析类型，分析中不包括任何非线性（材料几何非线性、接触非线性等），也不考虑与时间相关的材料属性，在分析过程中材料的弹性模量 E 是常数，应力应变始终呈线性关系，因此求解相对容易。对于大模型的求解效率也非常重要，而求解效率主要由网格的划分决定。在一般的分析中，应设置较为密集的种子在结构重要或不规则部位，应首选二次四边形/六面体单元，该单元的精度和效率相对较高；如果主要分析部位的网格不存在较大扭曲，非协调单元（如 CPS4I、C3D8I）的使用性价比更高。对于复杂结构模型的划分，用户常用静模型进行分割，如果分割过程过于繁琐可采用二次三角形/四面体单元进行网格划分，该单元的计算精度更高，但效率不高。

静力弹塑性分析中，材料是非线性的，即弹性模量是变化的。ABAQUS 中对塑性材料默认为金属材料的经典塑性理论，各向同性屈服的条件采用 Mises 屈服准则来定义[95]。金属材料的弹塑性变形行为为：在应变较小时，可视为弹性模量为 E 的线弹性材料；当应力超过屈服应力（yield stress）后，构件的刚度发生显著下降，此时材料的应变由塑性应变（platic strain）和弹性应变（elastic strain）两部分组成；在卸载后，弹性应变消失，而塑性应变是不可恢复的；若再次加载，材料会产生加工硬化使得屈服应力提高。但要注意的是 ABAQUS/Standard 对于塑性变形过大而导致破坏的模拟精度较低。

10.2 拟静力分析

10.2.1 拟静力分析介绍

拟静力分析是进行水平地震作用变形分析的一种简化方法，它把地震作用当作等效静力荷载。荷载的施加方式为某种预先设定的具有一定分布规则的水平侧向力，单调加载并逐级增大，从而确定构件能否满足抗震能力的要求[96]。拟静力分析可以分为静力弹性分析和静力弹塑性分析，因此拟静力分析既能检查结构在多遇地震下的弹性设计，也能够确定结构在罕遇地震下的破坏机理和相应的构件薄弱环节，从而进行修复和加强局部薄弱环节而使结构达到预定的使用功能。

与时程分析方法相比，拟静力分析不考虑结构的动力特性如振型、自振周期、和阻尼，近似于只有一阶振型发育，所以拟静力分析方法实施相对简单，方便设计人员快速地了解到设计的薄弱环节而提出合理的设计方案[97]。但该方法结果的准确性仍然不足，比如用静力加载代替动力加载，不能反映循环荷载作用下的累积损失，对结构材料等效本构模型会产生退化作用，且将直接影响结果。所以，完善拟静力分析方法，今后还需要做大量的工作。

10.2.2 确定荷载模式

进行拟静力分析时，首先要给结构施加重力荷载（通常为重力荷载代表值），再施加侧向荷载。在模拟过程中的实现方法为，先使结构加载一次重力荷载，作为水平侧向力分析的初始条件[98]，将其在一次加载的基础上再运行水平侧向力分析。

在拟静力分析过程中侧向荷载模式的选取是结果如何的关键影响因素，其代表着结构在水平地震作用下的层间剪力分布情况。一般来说，侧向荷载被定义为以下一个或多个组合：

（1）均匀加载模式。假定作用于整体结构的 X、Y、Z 任意方向的加速度相同，不考虑质点高度影响。结构各层水平荷载与该层重力荷载代表值成正比，且作用在指定的方向上。

（2）倒三角加载模式。采用结构各层加速度值沿高度呈线性分布的假定，质点距离地面越高，加速度值越大。

（3）振型加载模式。该加载模式与真实的水平地震荷载的分布情形更加相似。选择一个任意振型，每个节点所受力的大小与质点的质量、振型位移以及角频率的平方成比例。力作用于振型位移方向。通常情况下，均匀加载相当于均匀分布侧向荷载，振型加载（第一振型）相当于倒三角分布侧向荷载。一般情况下，均匀的加载方式相当于在结构侧向施加均布荷载，第一振型加载相当于在结构侧向施加倒三角的荷载。

事实上，任何一种侧向荷载分布形式不可能将所有的结构变形和应力的要求响应，因此，应该考虑以上两种计算模型的荷载加载模式的使用。对于空间结构，还应考虑荷载作用的方向性问题；对于非对称结构，采用正负方向不同的加载方式往往会产生不同的结果。

10.2.3 分析控制

拟静力分析拟载荷的施加控制方法有两种[99]：

（1）荷载控制方法为根据恒定的荷载增量施加进行每一步运算。如果负荷超过了结构的承载能力，即结构因材料屈服或破坏或失稳，非线性的分析结果将不收敛，此时分析停止，没有得到有效的结果。

（2）位移控制方法为根据恒定的位移增量施加进行每一步运算，施加的侧向荷载分布模式固定，其大小需要通过位移值反算求得。如果结构模型不稳定，荷载增量也有可能会是负值。随着结构承载能力的变化，每一增量步所施加荷载将有所变化，但是本身存在的荷载（如恒载等）是不会改变的。如果结构在重力荷载的情况下达到屈服，位移分析将自动终止。值得注意的是使用位移控制，需要定义的监测点和自由度。施加位移时，位移分量应选择一个对施加的荷载敏感的检测位移，应对敏感的载荷位移检测点检测所施荷载。

对一个模型的受力情况分析采用哪种控制方法，主要取决于期望的结构行为和荷载的物理性质。在一般情况下，荷载控制方法是在期望荷载大小已知的情况下，而且结构能够承受多次荷载负载时采用。比如拟静力分析中的重力荷载通常使用荷载控制方式，下面的弹性校核中的水平地震作用将使用力控制；所施加的荷载大小为未知，当需求指定的位移或当结构达到极限强度或已经失稳时，应使用位移控制，如下面的弹塑性分析中的水平地震作用将使用位移控制。

10.2.4　拟静力分析法的基本假定

拟静力分析不具备特别严格的理论基础，它的基本假设包括：

（1）结构响应仅由第一振型控制，因为虽然结构工程中的结构多数为多自由度体系，但其响应只与一阶等效单自由度体系有关。

（2）结构在地震反应分析过程中，结构模型的形状向量 $\{\varPhi_1\}$ 始终保持恒定不变，即便结构变形再大。

严格地说，这两个假设并不完全准确，但研究表明，这些假设可以很好地预测系统响应的多自由度，而且地震反应确实是由第一振型控制。

10.3　整体卫浴在多遇地震作用下的弹性分析

10.3.1　分析介绍

我国抗震设计规范中规定，建筑结构应进行多遇地震作用下的内力分析与变形分析，以防止结构构件和非结构构件的破坏。在这两种分析过程中，假定结构与构件均处在弹性工作状态，内力和变形分析均采用线性静力方法，即静力弹性分析。静力弹性分析可以比较精确而又快捷地得出结构的最大内力和弹性变形。

10.3.2　荷载

10.3.2.1　荷载组成

结构载荷由重力荷载和水平地震作用两部分组成。重力荷载和水平地震作用均采用力控制。不考虑因支承点的相对水平位移产生的内力。计算重力荷载时，不考虑整体卫浴在日常使用过程中产生的活荷载的影响，重力荷载代表值只由结构质量决定。

10.3.2.2 重力荷载代表值

（1）卫浴部品质量。方案一和方案二的整体卫浴间内所需的各种设备部件（如坐便器、浴缸等）一样，质量相同，如表10-1所示。

卫浴部品质量　　　　　　　　　　　表10-1

部品名称	壁板（按6mm厚SMC板取值）	坐便器	（SMC）洗面台	花洒整体质量	马桶水箱、沉水弯、上水管存水	SUM1
质量（kg）	136（1cm重227）	40～60（近似取50）	10～15（近似取12）	7～10（近似取8）	6	206（287）

（2）钢框架质量。方案一和方案二的角钢框的用钢量基本相同，计算时可以取相同值，如表10-2所示。

钢框架质量　　　　　　　　　　　表10-2

钢框构件	角钢	连接件	支座	螺栓	SUM2
质量（kg）	77.5	1	2.2	0.3	81

整体卫浴总质量：

$$M = \text{SUM1} + \text{SUM2} = 287\text{kg}$$

重力荷载代表值：

$$G = 287 \times 10 = 2870\text{N}$$

10.3.2.3 水平地震作用

整体卫浴属于附属设备，计算时按非结构构件取值。在非结构构件的水平地震作用计算方法中，应满足下列要求：

（1）在非结构构件的水平地震作用的计算中，假设结构为单质点结构体系。

（2）水平地震力沿任意一水平方向不知且作用于各构件或部件的重心位置。

（3）在进行非结构构件的抗震验算时，抵抗地震作用的抗力不包括摩擦力在内。

（4）非结构构件由于其自身重力而产生的地震作用可采用等效侧力法计算。

采用集中质量法确定结构计算简图，由于角钢和壁板占主要质量，且二者沿竖直方向对称分布，所以近似认为整体卫浴质量主要集中于结构中部，结构为单自由度体系，完全由第一振型控制。

在采用等效侧力法计算时，通过以下公式计算水平地震作用标准值[100]：

$$F = \gamma \eta \xi_1 \xi_2 \alpha_{\max} G \tag{10-1}$$

式中　F——沿最不利方向施加于非结构构件重心处的水平地震作用标准值；

　　　γ——非结构构件功能系数，按表10-3取值；

水平地震影响系数最大值 $\alpha_{\max}$　　　　　　　　　　　表10-3

地震影响	设防烈度			
	6	7	8	9
多遇到地震	0.04	0.08（0.12）	0.16（0.24）	0.32
罕遇地震	—	0.50（0.72）	0.90（1.20）	1.40

注：括号中数值分别用于设计基本地震加速度取0.15g和0.30g的地区。

η——非结构构件类别系数，按表 10-3 取值；

ξ_1——状态系数；对预制建筑构件、悬臂类构件、支承点低于质心的任何设备和柔性体系宜取 2.0，其余情况可取 1.0；

ξ_2——位置系数，建筑的顶点宜取 2.0，底部宜取 1.0，沿高度线性分布；采用时程分析法补充计算的结构，应按其计算结果调整；

α_{max}——地震影响系数最大值；按表 10-4 关于多遇地震的规定取值；

G——非结构构件的重力，应包括运行时有关的人员、容器和管道中的介质及储物柜中物品的重力。

非结构构件的类别系数和功能系数表　　　　表 10-4

构件、部件名称	构件类别系数	构件功能系数	
		乙类	丙类
非承重外墙：			
围护墙	0.9	1.4	1.0
玻璃幕墙	0.9	1.4	1.4
连接：			
墙体连接件	1.0	1.4	1.0
饰面连接件	1.0	1.0	0.6
防火顶棚连接件	0.9	1.0	1.0
非防火顶棚连接件	0.6	1.0	0.6
附属构件：			
标准或广告牌等	1.2	1.0	1.0
储物柜：			
货柜、文具柜	0.6	1.0	0.6
文物柜	1.0	1.4	1.0

整体卫浴主要应用于住宅和公寓，二者的抗震设防类别为丙类，按货柜取值：

功能系数　$\gamma = 0.6$；

类别系数　$\eta = 0.6$。

支撑点位于框架底部，低于质心，取状态系数 $\xi_1 = 2.0$。

位置系数按最不利情况，即整体卫浴位于建筑的顶点，取 $\xi_2 = 2.0$。

以沈阳地区为例，抗震设防烈度为 7 度，设计基本地震加速度值为 $0.10g$，所以取地震影响系数最大值 $\alpha_{max} = 0.08$。

重力荷载代表值 $G = 2870\text{N}$。

由此可得水平地震作用：$F = \gamma\eta\xi_1\xi_2\alpha_{max}G_F$

$$= 0.6 \times 0.6 \times 2.0 \times 2.0 \times 0.08 \times 2870$$

$$= 309\text{N}$$

10.3.2.4 加载

在第一个分析步中施加重力荷载。首先在需要材料属性中输入结构等效密度值 2870，然后对结构施加 9.8 的重力加速度（Gravity）（图 10-1）。

在第二个分析步中施加水平地震作用。整体卫浴中的盥洗台、坐便器、马桶水箱等主要部品都安装在了后壁板上，主要通过后侧支撑传力给角钢框架。水平地震作用以集中载荷的形式沿长度方向施加于框架角钢支撑横截面上，采用线性幅值曲线（Ramp）进行加载。

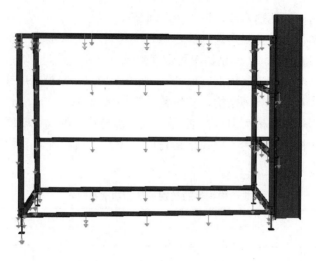

图 10-1　施加重力荷载

由于材料为弹性材料，如果在某一节点上施加节点荷载，会造成很大的局部变形，影响结果的准确性，甚至不收敛。因此在集中荷载的使用中，首先创建一个参考点，然后在参考点与角钢的端面之间建立耦合约束，将集中力施加在参考点，让角钢截面共同来承担集中荷载，使集中力产生的效果等同于分布力，而不要直接施加在结构的节点上（图 10-2）。

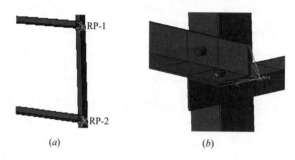

图 10-2　施加集中荷载
（a）方案一；（b）方案二

方案一采用两点加载：$F_1 = 309/2 = 155N$

方案二采用一点加载：$F_2 = 309N$

10.3.3　边界条件

主体结构刚度远大于整体卫浴，在分析中变形很小，所以近似认为主体结构无位移，将梁端和柱端设置为固定端（图 10-3）。支座与预埋件采用焊接，所以将支座底部也设置为固定端（图 10-4）。在初始分析步中设置固支边境条件，使其可以延续到后续两个分析步中。

10.3.4　接触和约束

由于所有连接主要采用焊接和螺栓连接的方式，具有足够大的连接强度，所以节点板与板框之间、螺栓与螺母之间、支撑与角钢柱之间、支撑于结构构件之间均采用绑定约束。由于结构接触的部分较多，设置绑定约束时，需要先通过寻找接触来寻找到相互接触的面，然后再将接触对设置成绑定约束。

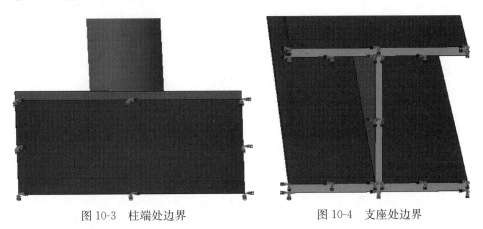

图 10-3　柱端处边界　　　　　图 10-4　支座处边界

10.3.5　网格划分

为了保证计算结果的精度，同时又避免过度增大工作量，所有部件均使用六面体单元。计算时采用进阶算法划分网格，并保证网格单元节点与种子的位置吻合良好。分网前首先需要对部件螺栓孔处进行分割，并对剖分出来的螺栓孔内边缘和外边缘布置数量相宜的种子。有圆形特征边的部件和分割出来的有螺栓孔的部分采用扫掠网格划分技术（Sweep）（图 10-5），其余部分皆采用结构化网格划分技术（Structure）。分割出来的部分分析不关心主体结构的变形，可减少梁柱种子的布置，划分较粗的网格（图 10-6）。所有部件的网格单元平均夹角均大于 $65°$，最小夹角均大于 $30°$，网格质量良好。

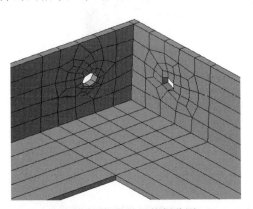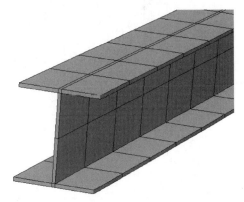

图 10-5　螺栓孔网格划分图　　　　　图 10-6　梁柱网格划分

10.3.6　材料参数

钢材料的本构模型采用理想的弹性本构模型进行模拟。钢材的弹性模量 $E=2.1×10^{11}\,\text{N/m}^2$，泊松比 $\mu=0.3$。分析不研究主体结构的内力和变形，可将梁柱近似看作刚体，设置无限大的弹性模量。

分析只考虑角钢框受力，认为整体卫浴的所有重量都由角钢框承受，所以需要计算角钢框等效密度：

角钢框质量：$M=81\mathrm{kg}$

角钢框体积：$V=81/7.85\times10^3=1.03\times10^{-2}\mathrm{m}^3$

等效密度：$\rho=287/1.03\times10^{-2}=27.8\times10^3\mathrm{kg/m}^3$

10.3.7 分析步设置

通过两个分析步来完成加载，每个分析步都采用通用静力分析（Static，General）。第一个分析步施加重力荷载，然后将输出结果传递给第二个分析步，并在分析步二中施加推覆位移。

10.3.8 结果分析

10.3.8.1 方案一

从图 10-7 的应力云图可以看出水平杆件的中部和节点处受力较大，应力最大点出现在水平支撑与角钢柱的节点处。节点处的应力状况如图 10-8 所示，最大值约为 18MPa，说明结构只发生了弹性变形。从图 10-9 的位移云图可以看出方案一在水平地震作用下，形状保持良好，基本无变形，在第二个分析步中施加水平地震作用后，结构开始产生侧向位移，加载结束后，顶框角钢中部处的变形最大，极限位移约为 1.4mm。

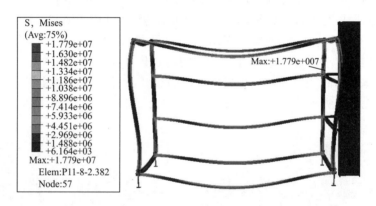

图 10-7 多遇地震作用下方案一 Mises 应力云图

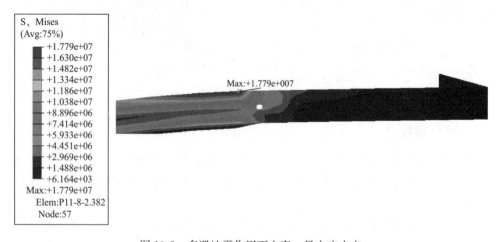

图 10-8 多遇地震作用下方案一最大应力点

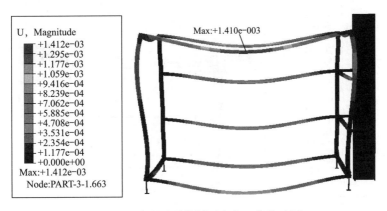

图 10-9　多遇地震作用下方案一位移云图

10.3.8.2　方案二

从图 10-10 的应力云图可以看出水平杆件的中部和节点处受力较大，应力最大点出现在水平支撑与角钢柱的节点处。节点处的应力状况如图 10-11 所示，最大值约为 29.5MPa，说明结构只发生了弹性变形。从图 10-12 位移云图可以看出，方案二在水平地震作用下，结构基本无变形，在第二个分析步中施加水平地震作用后，结构开始产生侧向位移，加载结束后，沿长度方向的支撑中部处变形最大，极限位移约为 1.5mm。

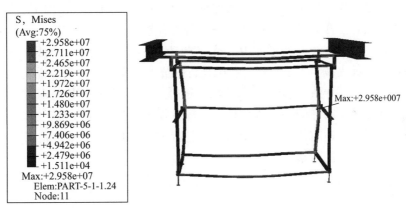

图 10-10　多遇地震作用下方案二 Mises 应力云图

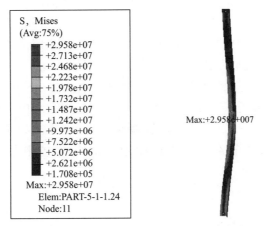

图 10-11　多遇地震作用下方案二最大应力点

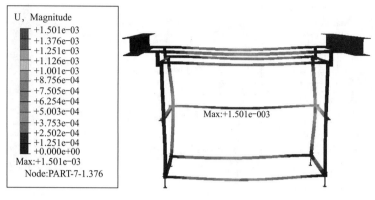

图 10-12　多遇地震作用下方案二位移云图

10.4　整体卫浴在罕遇地震作用下的弹塑性分析

10.4.1　分析介绍

当线弹性的地震作用分析并不能有效地反映出结构在罕遇地震作用下的受力状态时，如分析对象为复杂且多样的结构形式，应采用静力弹塑性分析方法[101]，该方法能够更加有效地分析结构构件的非线性变形能力，且与弹塑性时程分析相比，所得结果更加稳定，分析速度的提高也大大减少了工作量。我国现行的抗震规范给出的明确说明为：不规则且具有明显薄弱部位可能导致地震时严重破坏的建筑结构，可根据结构特点进行罕遇地震作用下的静力弹塑性分析或弹塑性时程分析。在部分模拟中选择静力弹塑性结构分析方法，对整体卫浴在罕遇水平地震作用下的受力工作情况进行分析[102]。如规范有具体规定可采取简化的方法进行结构的弹塑性分析。

10.4.2　荷载

（1）在第一个分析步中施加重力荷载，重力荷载采用力的控制方法。施加方法同上部分的弹性分析。

（2）在第二个分析步中施加位移荷载。水平地震作用采用位移控制。推覆位移近似按照层高度的 1/25 取值，近似取 $\Delta = 0.1$，采用线性幅值曲线（Ramp）进行加载，不考虑 P-Δ 效应（柔性结构才考虑大位移效应）。此数值的选用与结构的破坏情况相关，一般为最大层间位移值。一般来说，整体结构的位移达到该值时，结构损伤程度已包括大地震作用和超过结构的极限承载力。虽然加载点选择在中部，为了充分地反应地震作用，仍然对结构施加 0.1m 位移荷载，荷载以集中载荷的形式沿长度方向作用于框架角钢支撑端部的参考点上，同静力弹性分析。

10.4.3　模型设置

次梁两端同柱端一样，设置为固定端。支撑处同静力弹性分析，也设置为固定端。

接触和约束条件与静力弹性分析相同，仍然通过接触对操作，并全部选择用绑定约束，不做改变。次梁的网格划分方法与柱相同，角钢及其开口处的网格划分方法同静力弹性校核，不做改变。

10.4.4　材料参数

钢材料的本构模型采用理想的弹性本构模型进行模拟。材料在弹性工作期间，μ 一般为常数，当超过弹性范围以后，μ 随着应力的增大而有所增大，本部分忽略泊松比的变化，近似认为泊松比仍然为常数 $\mu=0.3$。屈服强度 $f_y=235\mathrm{N/mm^2}$。等效密度 $\rho=27.8\times10^3\mathrm{kg/m^3}$。钢材的弹性模量 $E=2.1\times10^{11}\mathrm{N/m^2}$。梁柱的弹性模量不做改变，仍然作为弹性模量无限大的弹性体。

10.4.5　分析步设置

通过两个分析步来完成加载，每个分析步都采用通用静力分析（Static，General）。在第一个分析步施加重力荷载，在第二个分析步施加推覆位移。

10.4.6　结果分析

1. 方案一

从图 10-13 的应力云图可以看出，方案一在罕遇地震作用下，与下部水平支撑连接的两角钢柱的节点处和 L 形支撑拐点处已经严重扭曲，并出现大面积屈服，有需要可以进行加强。而由于顶部为自由端，上部支撑节点处基本无变形，结构的外荷载主要由背面角钢节点承受，底部两角点和下部支撑节点处应力最大。从图 10-14 位移云图可以看出，结构最大位移发生在与柱靠近的角钢柱上端，而此处内力又较小，说明结构上部发生整体侧移。从图 10-15 的荷载位移曲线可以看出，在第二个分析步开始施加水平地震作用后，结构开始产生变形，在施加的位移达到 30mm 时，结构达到的弹性承载力约为 5kN，承载力远大于多遇水平地震作用 309N，说明结构拥有良好的承载力和整体刚度。达到最大位移时，下加载点荷载为 7.99kN。

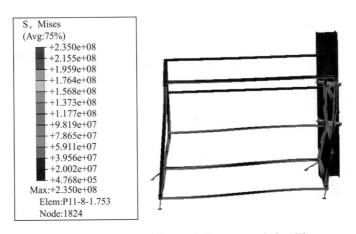

图 10-13　罕遇地震作用下方案一 Mises 应力云图

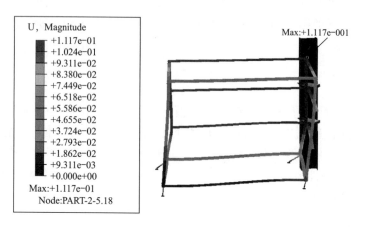

图 10-14　罕遇地震作用下方案一位移云图

2. 方案二

从图 10-16 的应力云图可以看出，方案一在罕遇地震作用下，由于结构上部与次梁连接，下部设置预埋件，角钢柱中部内力集中，与水平支撑连接的两角钢柱的节点处已经发生弯曲，并出现大面积屈服，出现塑性铰，有需要也要进行加强。从图 10-17 位移云图可以看出。从图 10-18 的荷载位移曲线可以看出，在第二个分析步开始施加水平地震作用后，结构开始产生变形，位移加载到 10mm时，结构达到的弹性承载力约为 10kN，承载

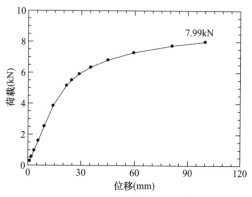

图 10-15　罕遇地震作用下方案一
下加载点处荷载位移曲线

力远大于多遇水平地震作用 309N，在小于 10kN 的外荷载作用下，不会发生破坏，承重力强，且具有良好的整体刚度。加载到最大位移时，下加载点的荷载为 15.35kN，恰好是方案一的两倍，说明结构内力分配均匀，变形协调。

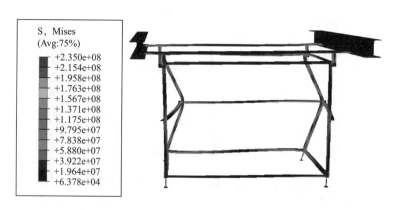

图 10-16　罕遇地震作用下方案二 Mises 应力云图

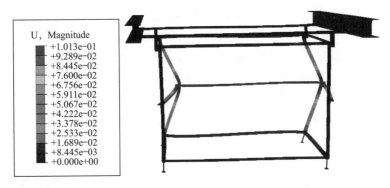

图 10-17　罕遇地震作用下方案二位移云图

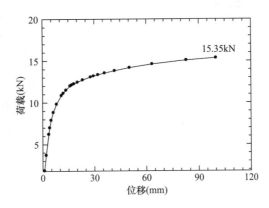

图 10-18　罕遇地震作用下方案二下加载点处荷载位移曲线

10.5　节点内力分析

10.5.1　分析介绍

分析中整体卫浴的连接节点都采用了绑定约束，并没有考虑接触产生的滑移，这就增大了接触面间的变形协调能力，增大了整体卫浴节点的强度和刚度。设置绑定约束后，螺栓所受到的角钢的剪切作用就会由角钢接触面来承担，所以分析中也忽略了螺栓的抗剪切能力。

钢结构构件在强震作用下的破坏通常发生在连接部位。由于角钢杆件发生局部屈曲、断裂发展导致连接区域的承载力和刚度发生退化，因此整体卫浴的连接节点的力学性能，尤其是顶点处的力学性能还需要做进一步的深入研究。所以接下来选取上部节点、支撑交叉节点、支座处连接节点三个代表性节点进行静力弹塑性分析，进而评价节点的力学性能。

10.5.2　上部节点力学性能分析

取顶点各方向的角钢各 0.5m 范围内长度，两水平角钢端部设置为固定端，角钢柱端部作为自由端（图 10-19）。在角钢柱的端部进行剖切，并与参考点耦合用于加载（图 10-20）。螺母和螺栓杆之间的接触面设置为绑定约束，其余接触面皆设置为硬接触，由于角钢表面平整且比较光滑，分析中不考虑角钢接触面间的摩擦影响，所以其切向摩擦系数设置为 0，为库仑摩擦。网格划分同前面的整体分析，整体网格尺寸为 0.05m，有螺栓的节点处的网格尺寸为 0.01m。由整体卫浴的弹性分析知，整体卫浴的在多遇地震作用下，支撑端部加载点产生 1mm 的位移，为了更准确地查看节点处的应力状况，对加载点施加 2mm 的位移荷载。

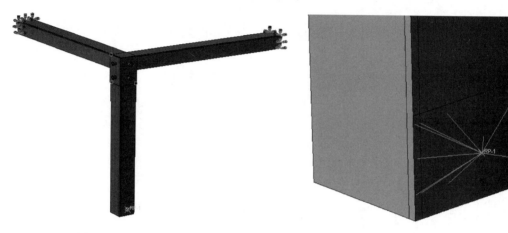

图 10-19 上部节点边界条件　　　　　　　　图 10-20 上部节点加载点

节点处的应力状态如图 10-21 所示，在外荷载作用下一侧节点板有向外挠曲，螺栓受拉，但节点板只有分离趋势，与角钢接触面间并无相对滑移。而另一侧螺栓内力较小，节点板挠曲幅度也小。节点处应力最大点出现在角钢柱端部（图 10-22），为 54MPa，说明在外荷载作用下，上下两角钢端部两角点接触处受到了严重挤压，但角钢并未达到屈服，仍然保持弹性性能。

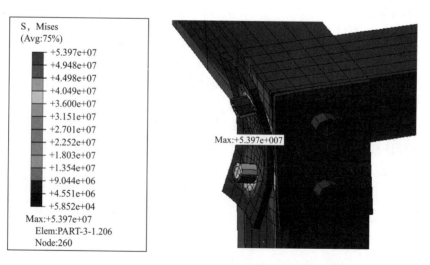

S, Mises
(Avg:75%)
+5.397e+07
+4.948e+07
+4.498e+07
+4.049e+07
+3.600e+07
+3.151e+07
+2.701e+07
+2.252e+07
+1.803e+07
+1.354e+07
+9.044e+06
+4.551e+06
+5.852e+04
Max:+5.397e+07
Elem:PART-3-1.206
Node:260

Max:+5.397e+007

图 10-21 上部节点 Mises 应力云图

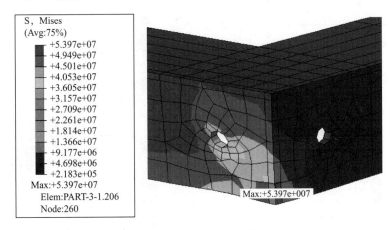

图 10-22　最大应力点

由加载点处的荷载位移曲线可知（图 10-23），曲线平整无突变，说明在多遇地震作用下，整体卫浴的节点保持了很好的弹性性能，拥有较强的整体性。

10.5.3　支撑交叉节点力学性能分析

取节点各方向角钢各 0.5m，上端和两水平端设置为固定端，下端为自由端（图 10-24）。同样在角钢柱下部自由端设立参考点，并与底部剖面耦合，用于施加位移荷载（图 10-20）。螺母和螺栓杆之间的接触面仍然设置为绑定约束，其余接触面也皆设置为硬接触，库仑摩擦，摩擦系数为 0。网格划分同整体分析，仍然对方案施加 2mm 位移。

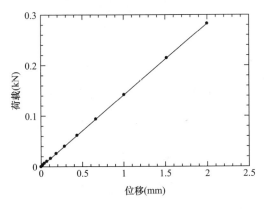

图 10-23　支撑交叉节点加载点处荷载位移曲线　　图 10-24　支撑交叉节点边界条件

节点处的应力状态如图 10-25 所示，在外荷载作用下两边的螺栓连接处由于受到螺栓的约束而出现翘曲，螺栓拉，但螺栓孔形状保持良好，未出现大的变形，说明角钢各接触面间无滑移。由于角钢各边的相互作用，应力最大点出现在角钢柱边缘处（图 10-26），约为 66MPa，说明在外荷载作用下，支撑节点处相互接触的角钢各边亦产生相互挤压，但均角钢并未达到屈服，仍然保持弹性性能。

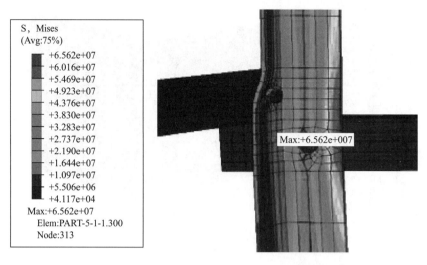

图 10-25　支撑交叉节点 Mises 应力云图

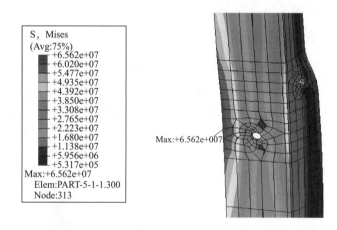

图 10-26　支撑交叉节点最大应力点

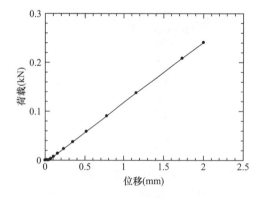

图 10-27　支撑交叉节点加载点处荷载位移曲线

由加载点处的荷载位移曲线可知（图 10-27），曲线同顶部节点一样平整无突变，说明在多遇地震作用下，整体卫浴的支撑节点处仍然保持了很好的弹性性能，拥有很好的整体性。

10.5.4　支座处连接节点力学性能分析

取节点处三个方向角钢各 0.5m 长，上端和两水平端设置为固定端，支座下部节点板为自由端（图 10-28）。在支座下部节点板外侧设立参考点，并与节点板侧面耦合，用于施加位移荷载（图 10-29）。螺母和螺栓杆之间的接触面仍然设置为绑定约束，其余接触面也皆设置为硬接触，库仑摩擦，摩擦系数为 0，小滑移。网格划分同整体分析。仍然对方案施加 2mm 位移。

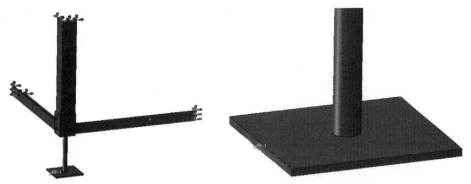

图 10-28　支座处连接节点边界条件　　　　图 10-29　支座处连接节点加载点

　　节点处的应力状态如图 10-30 所示，在外荷载作用下底框两只、上部角钢柱两边与支座上表面接触处无大幅度扭曲，且角钢各接触面间无滑移。由于受到侧向力的作用，支座上部节点板下边缘接触处应力较集中，但仍然未发生屈服。螺栓孔形状保持良好，未出现大的变形，由于外荷载的作用，螺栓孔受到螺栓杆的挤压，产生最大应力（图 10-31）约为 56MPa，说明较易发生变形和破坏的螺栓孔处完全满足使用要求，能够承受多遇地震作用，并且螺栓的抗剪强度也满足使用要求。支座节点处各接触面虽然产生相互挤压，但作用力较小，构件均并未达到屈服，也未发生大幅度弯曲，接触处整体性良好。

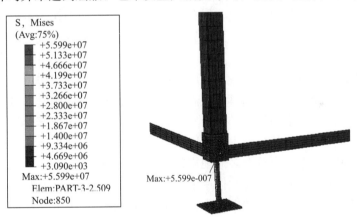

图 10-30　支座处连接节点 Mises 应力云图

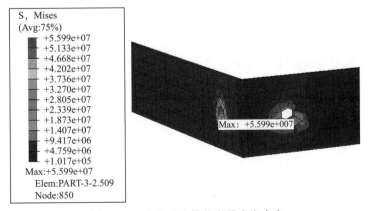

图 10-31　支座处连接节点最大应力点

由加载点处的荷载位移曲线可知（图10-32），加载点的反力小于顶部节点和支撑交叉节点，说明支座处的竖直杆件抗弯能力较弱。支座处连接节点加载曲线平直，说明在多遇地震作用下，整体卫浴的支座连接处仍然保持了很好的弹性性能，拥有很好的整体性。

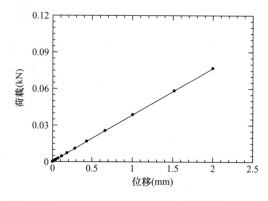

图 10-32　支座处连接节点加载点处荷载位移曲线

10.6　小结

由整体卫浴的弹性分析可以看出，两种结构方案在多遇地震作用下都表现出良好的力学性能，只产生较小的变形，且远未发生屈服，说明结构的强度和抗侧移刚度能够完全满足抗震设计要求。

由整体卫浴的弹塑性分析可以看出，两种结构方案在罕遇地震作用下，发生大面积屈服，部分构件已经严重弯曲。结构具有很高的弹性承载力和整体刚度，且结构整体变形良好，所以在罕遇地震作用下卫浴部品不会发生较大损坏，只需更换部分构件，进行修复后仍可保持完好的使用功能。从分析中也可以看出，两种方案的弹性承载力远大于水平地震作用，进一步证明了方案完全符合多遇地震的抗震设防目标。

根据非结构构件在罕遇地震荷载作用下的评价标准：（1）各类非结构构件在遭遇罕遇地震作用时，因其在大震作用下的损坏不会对生命造成较大程度危害，一般允许其损坏大于结构构件。（2）固定于主体结构的各类附属结构和设备，还需要考虑其使用功能的保持程度，如果经过检修或一般性维修后能够照常使用，或更换部分构件的大修后能够恢复使用，则认为附属结构满足抗震设防要求，符合标准，实现抗震性能设计目标。可以判断结构完全满足大震设防要求。

由节点处的模拟分析可知，结构在多遇地震作用下，节点处的应力并未达到屈服强度，且节点各接触面间无相对滑移，节点整体性良好。

第11章 新型钢结构整体卫浴的模数化标准化

11.1 概述

标准化是指在经济、技术、科学和管理等社会实践中，通过制定、发布和实施标准达到统一，以获得最佳秩序和社会效益。建筑标准化指在建筑工程方面建立和实现有关的标准、规范、规则等的过程。建筑标准化的目的是合理利用原材料，促进构配件的通用性和互换性，实现建筑工业化，以取得最佳经济效果。建筑标准化的基础工作是制定标准，建筑标准化要求建立完善的标准化体系，其中包括建筑构配件、零部件、制品、材料、工程和卫生技术设备以及建筑物和它的各部位的统一参数，从而实现产品的通用化、系列化。建筑标准化工作还要求提高建筑多样化的水平，以满足各种功能的要求，适应美化和丰富城市景观并反映时代精神和民族特色的需要。

随着建筑工业化水平的提高和建筑科学技术的发展，建筑标准化的重要性日益明显，所涉及的领域也日益扩大。许多国家以最终产品为目标，用系统工程方法对生产全过程制定成套的技术标准，组成相互协调的标准化系统。运用最佳理论和预测技术，制定超前标准也成为实现建筑标准化的新形式和新方法。

对于标准化，我们还需要从中国的实际出发，要考虑到中国的历史文化传统。而且建筑标准化也要考虑中国地域差异，根据各地区不同的设计风格，标准化也会有所不同，建筑各有特色对于我国整体建筑的发展也会具有巨大的促进作用。中国是一个历史悠久并且文化多元的国家，经过了许多年的发展，住宅产品的标准化不能只停留在表面的图集以及理论上，要吸取中华文化的精髓，创造出有中国特色的作品。

标准化促进工业化，工业化提高劳动生产率、节约劳动成本。基于标准化的巨大优势，为了给出新型钢结构整体卫浴的标准情况，接下来选择最不利情况进行对比分析，然后给出新型钢结构整体卫浴的标准化情况。

11.2 对比方案选择

上一章的模拟分析结果可以看出，支撑及角柱中部有大部分的屈服，可以判断角钢构件的长度对受力的影响较大，角钢构件越长受力越不利，所以可能出现的最大外形组合尺寸为最不利外形组合尺寸 2400mm×2000mm×2200mm 和 3000mm×1600mm×2200mm，如表 11-1 所示。由于沿长度方向为不利方向，且最长构件尺寸为 3000mm 也出现在沿长度方向，所以选择含最长构件尺寸 3000mm 的最不利外形组合，其尺寸为 3000mm×1600mm×2200mm，进行多遇地震作用下的拟静力分析，以得到两种结构方案在最不利外形组合尺寸下的力学性能。

11.3 建模

由上一章的节点受力分析可知，节点的连接形式、节点板、螺栓、支座都能够承受水平地震作用并满足使用要求，建模不再考虑节点，不建立螺栓模型，不建立主体结构柱和次梁模型。节点板与角钢接触面、角钢与角钢接触面、角钢与支座接触面全部设置成绑定连接。

上部支撑和连接件边缘边界条件如图 11-1 所示，下部支座处边界条件、荷载、接触和约束、网格、材料参数、分析步等各项设置与上一章整体卫浴在多遇地震作用下的弹性分析相同。

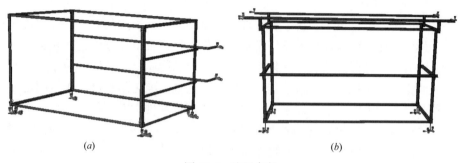

(a) (b)

图 11-1　边界条件

(a) 方案一；(b) 方案二

11.4 结果分析

11.4.1 方案一

从图 11-2 的应力云图可以看出水平杆件的中部和各节点处受力均匀，荷载通过各节点均匀地传递给整个结构，应力最大点出现在 L 型支撑拐点处，约为 28MPa，远未达到屈服，说明结构只发生了微小弹性变形。从图 11-3 的位移云图可以看出方案一在水平地震作用下，形状保持良好，基本无变形。在第二个分析步中施加水平地震作用后，结构开始产生侧向位移，加载结束后，上部支撑中部的位移最大，极限位移约为 0.45mm，说明构件长度的增加反而使支撑的变形得到了改善，结构完全满足使用要求。

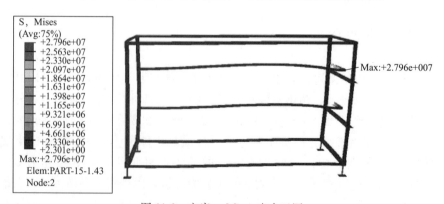

图 11-2　方案一 Mises 应力云图

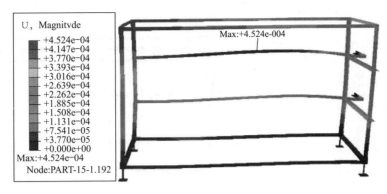

图 11-3　方案一位移云图

11.4.2　方案二

从图 11-4 的应力云图可以看出水平杆件的中部和节点处受力均匀，荷载通过各节点均匀地传递给整个结构，应力最大点出现在顶部节点处，约为 25MPa，远未达到屈服，说明结构只发生了微小弹性变形。从图 11-5 的位移云图可以看出方案一在水平地震作用下，形状保持良好，基本无变形。在第二个分析步中施加水平地震作用后，结构开始产生侧向位移，加载结束后，加载点处位移最大，极限位移约为 1.1mm，小于外形组合尺寸为 2400mm×1600mm×2200mm 的结构方案，完全满足使用要求。

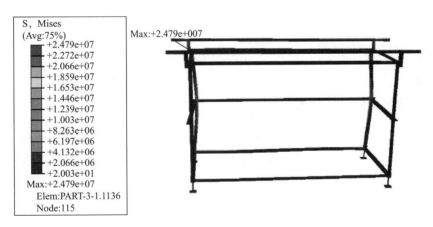

图 11-4　方案二 Mises 应力云图

11.4.3　对比分析

两种方案的最不利外形组合尺寸与其 2400mm×1600mm×2200mm 外形尺寸相比，变形相差很小，基本相同，结构和构件变形都处于弹性阶段。因此可以得出结论：

构件长度尺寸的加大并没有太大削弱整体卫浴的力学性能。

新型钢结构形式，支撑、角钢柱、连接件的长度尺寸和数量的设置，选取的角钢规格∟50×50×3，钢材型号 Q235B 级钢，满足强度和变形的设计要求。

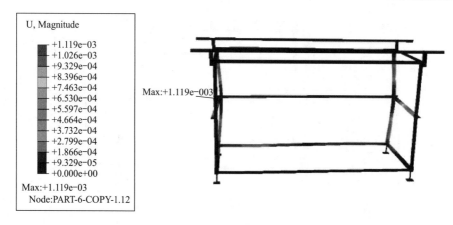

图 11-5　方案二位移云图

外形组合尺寸的变化对节点的受力状态无影响，因此由上一章的节点受力分析可知，节点连接形式、节点板、螺栓、支座能够承受水平地震作用，满足使用要求。

防水底盘被看作是非结构构件，其外形尺寸可以任意调整，只要能够与整体卫浴底盘进行匹配安装即可。所以可以根据底框 K2 直接确定其尺寸。预埋件按构造要求设置。

新型钢结构主要受力构件为角钢，不但取材方便，而且成本低廉。所以为了保证各角钢构件的抗变形能力和搭接长度，保证各个板件的施工安装距离，加强整体卫浴的整体稳定性，使整体卫浴具有较大的安全储备，在满足构造要求的前提下，可以适当提高钢材的强度等级，适当提高角钢及螺钉的规格。

11.5　新型钢结构整体卫浴的标准化

11.5.1　整体卫浴间常用模数尺寸

整体卫浴尺寸一般按 100 的模数取值。水平长边方向常用尺寸一般取 900mm、1400mm、1600mm、1800mm、2000mm、2400mm、3000mm，水平短边方向常用尺寸一般取 900mm、1200mm、1400mm、1600mm、2000mm，高度方向常用尺寸一般取 2100mm、2000mm，整体卫浴的常用组合尺寸如表 11-1 所示。

整体卫浴间模数化组合尺寸（mm）　　　　　　　　　　　　　　表 11-1

水平	长边（mm）	900	1400	1600	1800	2000	2000	2400	2400	3000
	短边（mm）	900	1200	1200	1400	1400	1600	1600	2000	1600
垂直	高度（mm）	2100	2100	2100	2100	2200	2200	2200	2200	2200

11.5.2　选材的标准化

根据构造要求和对新型钢结构整体卫浴的受力分析，并综合考虑经济因素和安全储备，整体卫浴角钢规格、螺栓规格、钢材型号的标准化，如表 11-2 所示。

选材的标准化　　　　　　　　　　　　　　　　　　表 11-2

常用组合尺寸（mm）	角钢规格	螺栓规格	钢材型号
900×900×2100			
1400×1200×2100	∟50×50×3		
1600×1200×2100		M8 普通螺栓	
1800×1400×2100			
2000×1400×2200	∟50×50×6		Q235B 级钢
2000×1600×2200			
2400×1600×2200			
2400×2000×2200	∟60×60×6	M10 普通螺栓	
3000×1600×2200			

注：1. 整体卫浴的外形组合尺寸表示为：长边（mm）×短边（mm）×高度（mm），长边＝a(mm)、短边＝b(mm)、高度＝h(mm)。

2. 整体卫浴与柱进行连接时需螺栓 28 个，与次梁进行连接时需螺栓 36 个。角钢用量则需要根据整体卫浴尺寸酌情选择。

11.5.3　连接件的标准化

新型钢结构整体卫浴所用的节点板、支座、预埋件等连接件的细部尺寸和数量的标准化，如表 11-3 所示。

连接件的标准化　　　　　　　　　　　　　　　　表 11-3

构件名称	细部尺寸	数量（个）（方案一）	数量（个）（方案二）
节点板		8	4

构件 名称	细部尺寸	数量（个） （方案一）	数量（个） （方案二）
支座	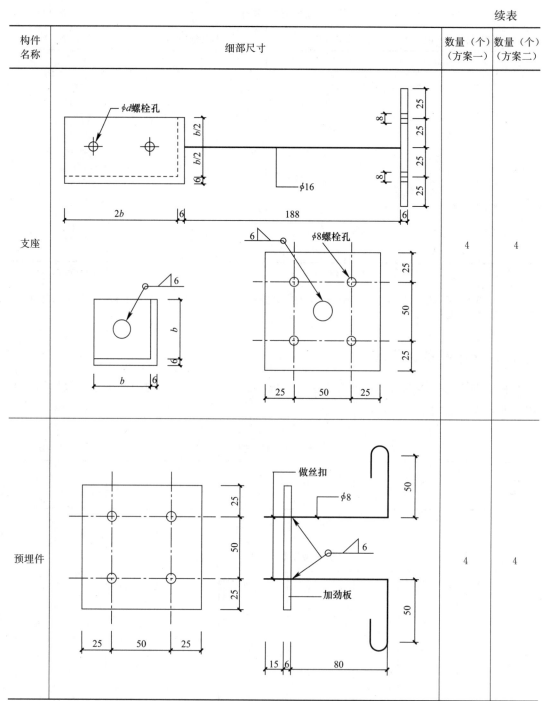	4	4
预埋件		4	4

注：1. b 为等边角钢的边长，d 为螺栓直径。
　　2. 节点板、支座、预埋件所用钢材等级与角钢所用钢材相同。

11.5.4　角钢件的标准化

　　新型钢结构整体卫浴的角钢柱、水平支撑、连接件等角钢件尺寸的标准化，整体卫浴与柱连接时如表 11-4 所示，整体卫浴与次梁连接时如表 11-5 所示。

与柱连接时角钢件的标准化　　　　　　　　　　　　　　　表 11-4

常用组合尺寸（mm×mm×mm）	构件长度（mm）			
	Z_1、Z_2、Z_3、Z_4（$h-100$）	K_1、K_2（$a×b$）	KZ_1、KZ_2（$b+50$）	CZ_1、CZ_2 [$(a+250)×350$]
900×900×2100	2000	900×900	9500	1150×350
1400×1200×2100	2000	1400×1200	1250	1650×350
1600×1200×2100	2000	1600×1200	1250	1850×350
1800×1400×2100	2000	1800×1400	1450	2050×350
2000×1400×2200	2100	2000×1400	1450	2250×350
2000×1600×2200	2100	2000×1600	1650	2250×350
2400×1600×2200	2100	2400×1600	1650	2650×350
2400×2000×2200	2100	2400×2000	2050	2650×350
3000×1600×2200	2100	3000×1600	1650	3250×350

注：1. 整体卫浴的外形组合尺寸表示为：长边（mm）×短边（mm）×高度（mm），长边＝a(mm)、短边＝b(mm)、高度＝h(mm)。

　　2. 角钢件所用的角钢规格，参照表 11-2 对应选择。

与次梁连接时角钢件的标准化　　　　　　　　　　　　　　表 11-5

常用组合尺寸（mm×mm×mm）	构件长度（mm）				
	Z_1、Z_2、Z_3、Z_4（$h-100$）	K_1、K_2（$a×b$）	KZ_1、KZ_2（$b+50$）	CZ（$a+100$）	LJ_1、LJ_2、LJ_3、LJ_4（$H-h-50$）	LJ_5、LJ_6
900×900×2100	2000	900×900	9500	1000	H-2150	
1400×1200×2100	2000	1400×1200	1250	1500	H-2150	
1600×1200×2100	2000	1600×1200	1250	1700	H-2150	
1800×1400×2100	2000	1800×1400	1450	1900	H-2150	
2000×1400×2200	2100	2000×1400	1450	2100	H-2250	次梁间距
2000×1600×2200	2100	2000×1600	1650	2100	H-2250	
2400×1600×2200	2100	2400×1600	1650	2500	H-2250	
2400×2000×2200	2100	2400×2000	2050	2500	H-2250	
3000×1600×2200	2100	3000×1600	1650	3100	H-2250	

注：1. 整体卫浴的外形组合尺寸表示为：长边（mm）×短边（mm）×高度（mm），长边＝a(mm)、短边＝b(mm)、高度＝h(mm)。

　　2. H 为楼层净高，次梁间距一般不大于 2500mm，次梁截面小的间距适当变小，一般安排在 1500～2000mm 之间。

11.5.5　连接的标准化

结构形式、节点连接形式的标准化，如表 11-6 所示。

连接的标准化

表 11-6

方案	结构形式	节点连接形式
整体卫浴与柱连接		

续表

方案	结构形式	节点连接形式
整体卫浴与次梁连接	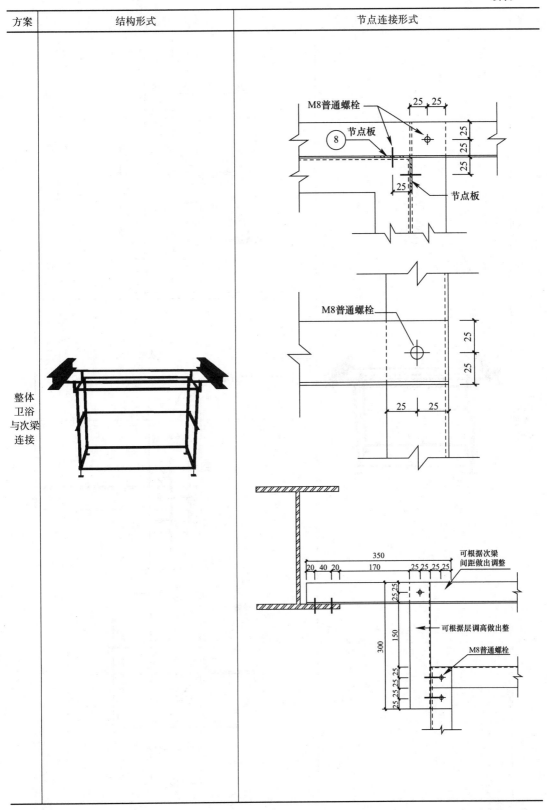	

方案	结构形式	节点连接形式
整体卫浴与次梁连接	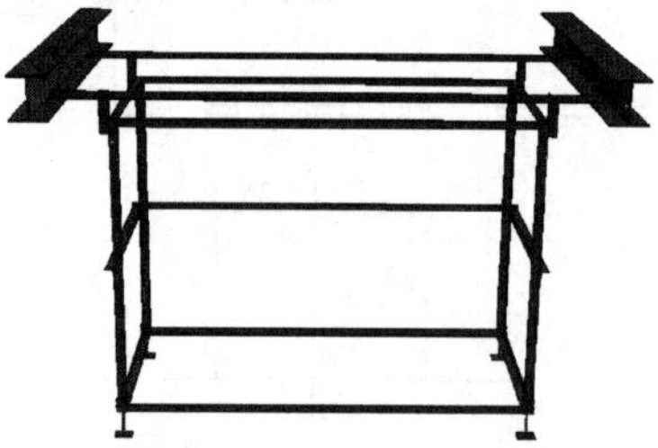	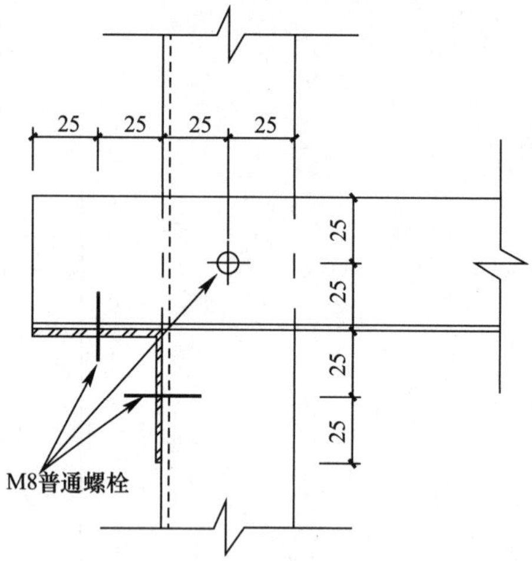 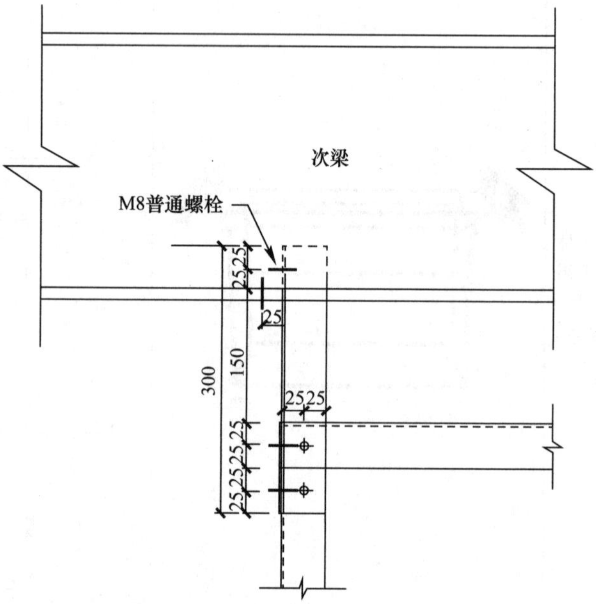 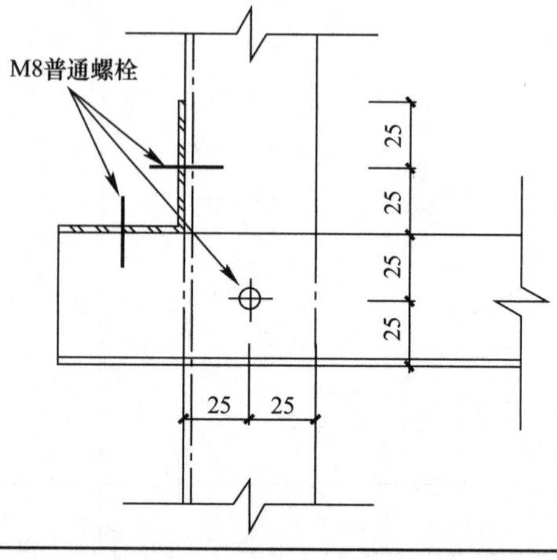

M8普通螺栓

次梁

M8普通螺栓

M8普通螺栓

方案	结构形式	节点连接形式
整体卫浴与次梁连接	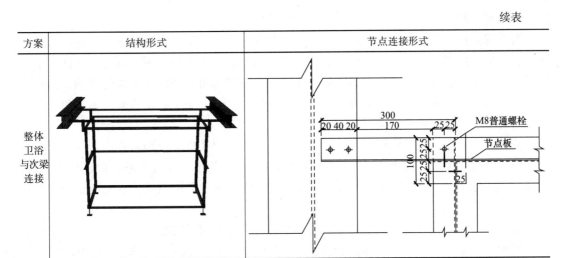	

注：角钢边长、角钢壁厚、螺栓直径、螺栓孔直径，应根据所选等边角钢规格和螺栓规格的不同做相应调整。

11.5.6　防水底盘的标准化

在地震力等水平外荷载的作用下不考虑防水底盘受力，其外形尺寸可以任意调整，只要能够与整体卫浴底盘进行匹配安装即可，所以可以根据底框 K2 直接确定其尺寸。L 为防水底盘的卷边高度，当选用边长 $b=50$ 的角钢时，取 $L=31\text{mm}$；当选用边长 $b=50$ 的角钢时，取 $L=37\text{mm}$，如图 11-6 所示。

图 11-6　钢结构整体卫浴防水底盘

11.5.7　施工安装的标准化

新型钢结构整体卫浴属于装配式结构，且构件质量轻巧，施工方便快捷。对工人技术及施工工具要求低，且质量很容易保证。根据施工难易程度和工作量，钢结构整体卫浴的施工人员需要 4 人，其中 3 人扶持，1 人安装。安装前需要准备的工具很少，只需要：600W 角磨机 2 只，300W 手枪电钻 2 只，电动螺丝刀 2 只（含充电器），螺丝刀、手锤若干，电箱 2 个，13mm 活络扳手或套管扳手 2 个。

新型卫浴框架由角钢构成，所有连接节点全部采用螺栓连接，底盘、壁板和顶板均采用 SMC 板。整体卫浴所需主要部件包括两部分，相同部分：宽向水平支撑两个，角钢柱四个，底框、顶框各一个，壁板四块，顶板各一块，门板一块，防水底盘，M8 螺栓若干；不同部分：方案一需要沿长度方向的水平支撑两个，方案二需要两个，方案一需要节点板八块，方案二需要四块，此外方案二还需要六个连接件，四竖两水平。

安装前应先根据图纸标准确定并标好孔洞的部位，然后在工厂内部加工构件，包括角钢构件、支座、节点板、壁板底盘。加工时要严格按照尺寸要求，特别注意螺栓孔的孔径要尽量精确，螺栓外径和孔壁间隙不可超过 1mm，否则会严重影响防水密封效果，甚至造成尺寸不匹配无法完成装配搭接。加工完成后在进场前角钢和螺栓等金属构件都要进行抛光、防锈处理。

查看房间内部地面和墙面的做法、厚度，找出合适的给水排水管线安排位置，以及预留洞口的精确位置。然后根据管径的大小在后壁板和底板上进行开洞，再根据整体卫浴的定位关系及安装螺栓所需要的安装孔径大小在需要连接的角柱或次梁上进行开洞。然后按准确尺寸修整预留洞口。开洞采用手动钻孔，保证孔洞内表面光滑平整，无棱角、无凹陷，且管壁与孔洞间隙不得超过 2mm。

安装时首先根据卫浴间平面尺寸，在楼板上设置预埋铁件，预埋件标高要统一，高低偏差不可超过 1mm。特别要注意预埋件与上部主体结构的水平位置关系，保证位置准确、无误。此工作须由土建安装工人按照卫浴图纸要求来完成，并由卫浴工人进行指导。预埋件共四个，分别位于卫浴间四角。

待预埋件连接强度满足施工要求时再开始进行上部结构的安装。安装时将支座下部节点板螺栓孔对准预埋件上的螺栓杆套入，然后拧紧螺母，用同样方法安装四个支座 ZZ1、ZZ2、ZZ3、ZZ4。安装完毕后应保证支座与底框 DK1 的接触表面水平，且四个支座表面标高相同。与预埋件接触面间应接触良好、无缝隙，且螺栓的机械接触牢固。安装中一旦发现预埋件或者支座的接触面标高出现较大误差，应进行及时更换，防止大量返工。

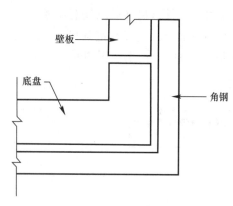

图 11-7　底板与壁板位置关系

支座安装完毕后，将矩形底框 DK1 放置在支座之上，后将开洞后的防水底盘置于底框上，按设计要求四周与底框尽量贴紧（图 11-7）。如构件加工精确，支座和预埋件定位安装准确，此时支座开孔与底框开孔、防水底盘开孔三者恰好重合，在四角处用螺栓拧紧固定。然后安装四个角钢柱 K1、K2、K3、K4 和壁板，采用每两个角钢柱加一块壁板的方式进行安装。比如先安装 K1、K4 和前壁板，先将 K1、K4 插入支座上部并与底框上边缘顶紧，两人把持住，第三个人将前壁板安放在 K1、K4 之间，此时螺栓孔重合，第四个人用螺栓穿过拧紧固定。安装角钢柱时，一定要注意区分 K1、K2、K3、K4 之间的位置关系，四只角钢上的螺栓孔个数不同，如果安装错误，接下来的水平支撑将无法安装。所有螺栓要由内向外穿出，将螺母置于卫浴间外部，以方便后续打胶密封。检查防水底盘是否水平，尺寸偏差不高于 ±5mm。

用同样的方法安装四块壁板和门板。由于前后壁板的长度大于左右壁板，且后壁板要安装洁具，保证前后壁板有足够的搭接长度，前后壁板贴紧角钢柱布置，左右壁板贴紧前后壁板布置（图 11-8）。壁板安装结束后安装顶框 K2 和顶板，先将顶板安装在顶框上，顶板四周与顶框尽量贴紧（图 11-9）。再将顶板连同顶框一起安装在角钢柱上，用螺栓和节点板进行固定。最后将门板安装固定在前壁板上。

然后安装支撑和顶部的连接件，由于支撑和顶部连接件设置在整体卫浴外部，安装时无特殊要求，只需注意支撑设置方向，并保证定位准确连接牢固就可以。最后进行整体卫浴间与主体结构的连接。此时角钢和主体结构接触严密，位置精确，无需再定位，可直接通过螺丝进行连接固定。

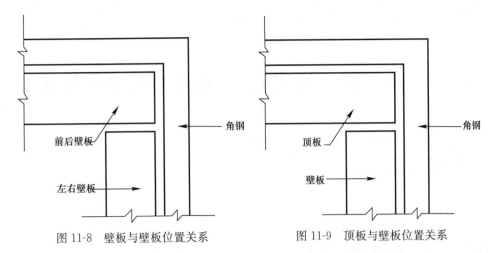

图 11-8　壁板与壁板位置关系　　　　　图 11-9　顶板与壁板位置关系

SMC 壁板、顶板和钢框架之间均采用螺栓连接。板件安装完毕后，必须及时用密封胶对板件接口、板件与钢框架边封、底板螺栓孔洞、底板管线孔洞进行填缝密封，保证接触表面和孔洞既不渗漏又美观耐用。打胶时，需选用中性胶，且要具有防霉功能，以免腐蚀角钢框架和发霉。打胶方法和要求：

（1）将角钢等金属表面及 SMC 板表面需要进行打胶的部分完全擦洗干净。

（2）打胶时要用力挤压打胶器，使胶水被充分地压入到接触面或者接触缝隙中，并与粘接面充分接触。玻璃胶固化前应用布条或纸巾擦掉多余胶水。

（3）粘接密封管口时，管件决不可以为了能够设置而进行移位、去硬性适应管口位置，从而使管件弯曲。密封时应一人负责打胶粘接，再另派一人负责把持并固定管道。

（4）地漏、排污口与防水盘结合面不得出现错位、紧固不到位现象，涂胶要均匀，用量要合理。

整体卫浴间安装完毕后，要对防水底盘进行闭水试验，检查板件与角钢框架的连接密封是否密实，发现渗漏及时修补，确保无渗漏后再安装管洁具，以免返工。胶干后，首先用充气橡胶封闭上排水口和排污口，然后向卫浴间注水 60mm 高，静置 1h。如发现渗漏，水干后要进行补漏，如果渗漏严重，要进行拆卸重新安装，然后继续进行一次灌水试验静置 1h，直到最后无渗漏为止，最后做好记录，并备案。合格后，撤去橡胶堵，将水排出。闭水试验结束后，用龙头冲刷顶部和壁板与角钢的密封处，冲刷时间 1h，从外部观察是否渗漏，保证边角缝隙打胶处不渗漏。

最后安装管线和洁具。

11.6　小结

通过对最不利外形组合尺寸 3000mm×1600mm×2200mm 在多遇地震作用下的弹性分析可以看出，在外形组合尺寸发生变化时，结构的各个构件仍然满足使用要求。通过和第 10 章的共同分析对比，可以得到新型钢结构整体卫浴角钢规格、螺栓规格、钢材型号的标准化；新型钢结构整体卫浴所用的节点板、支座、预埋件等连接件的细部尺寸和数量的标准化；新型钢结构整体卫浴的角钢柱、水平支撑、连接件等角钢件尺寸的标准化；结构形式、节点连接形式的标准化；防水底盘的标准化；新型钢结构整体卫浴施工安装的标准化。

第 12 章　整体厨卫的定位施工及质量验收

12.1　整体厨卫设计定位

12.1.1　整体卫浴设计规定

整体卫浴在设计过程中应满足如下规定：

（1）装配式内装中应首先选用整体卫浴间。

（2）整体卫浴构件规格少、尺寸统一、易于标准化且外形美观[103]。整体卫浴间在设计时应考虑到方便维修、安装以及日常使用。整体卫浴间的板材、规格、尺寸、固定位置、安装方法应符合设计要求。整体卫浴间要尽量保证与主体结构连接牢固。

（3）按照防火要求，防水底盘、顶板、壁板的材质要有一定耐火能力，一般氧指数不应小于32°。氧指数（OI）是在一定条件下，材料在氧氮混合物中燃烧所需要的最低氧气浓度。通常用燃烧气体中氧气所含有的比例来表示氧指数。氧指数越高则表示材料越不容易燃烧，防火性能越优良，反之氧指数越低则表示材料越容易燃烧，防火性能越差。行业通常认为材料的氧指数高于27°的都难燃烧。

（4）整体卫浴间要有淋浴器、坐便器、洗面器。坐便器应用节水型。淋浴器和洗面器都要提供有冷水和热水。且冷热水管的设置应满足管线施工的相关要求。

（5）整体卫浴间应设置有坐便器、洗面盆、镜子、浴缸（淋浴型为淋浴器）、地漏、排风等设施，应合理安排坐便器、盥洗台、淋浴器的位置，如厕、洗浴、盥洗单元应尽量采用装配集成式设计。

（6）整体卫浴间应在顶板开有通风口，并安装有排风扇。如果整体卫浴间没有设置外窗，则应设置有防止回流构造的排风通道，并在通道开口处留有用于安装排风装置的位置和空间。整体卫浴间要设置在紧急状态下能够向外开启的门。

（7）整体卫生间甩口产品应自带存水弯或配有专用存水弯，水封深度至少为50mm。整体卫浴间内部空间的净尺寸的偏差允许限值为±5mm。整体卫浴间所选用的防水底盘上要设置有地漏，且与底盘周边的接口要接触严密，防水底盘表面要防滑且易于洗浴后清理，地漏必须要配置有存水弯，并有足够的水封深度，一般不小于50mm。

（8）在严寒地区使用整体卫浴时应适当考虑采暖，冬冷夏热地区宜考虑采暖设施（如工程中多考虑选用具有很好的保温性能的 SM 板材）。如果条件允许，整体卫浴间在使用功能布局时要尽量方便老年人、儿童、残疾人的使用，并按需要设置辅助设施。

（9）SMC 板和角钢应表面光滑、洁净、无突刺、无裂缝。如果选择使用高分子聚合物有机塑料制品，则其表面应光洁平整，且颜色均匀并无气泡，纤维无外露。其他材料无明显缺陷和无毒无味。

（10）金属配件外观应满足如下要求[104]：

1）镀层无剥落或颜色不均匀等现象；

2）加工规整、精致，质地优良无裂纹、无气孔，表面光滑无突刺；

3）金属配件应做防锈防腐处理。

12.1.2　整体卫浴构造要求

整体卫浴间由顶板、壁板、防水底盘、门板及相关配件组成。板件用型材等复合材料或其他防水材质制作。板件的光洁度、平整度和垂直度公差要求应符合 SMC 板材的标准图样及相关技术文件等的规定[105]。其余组成整体卫浴间的构件和所需要的相关配件也应该符合相关标准、规范的要求。整体卫浴间所需的配件主要分为以下两类：

（1）主要配件：浴盆、浴盆水嘴、洗面器、洗面器水嘴、坐便器、低水箱、隐蔽式水箱或自闭冲洗阀、照明灯、肥皂盒、手纸盒、毛巾架、换气扇及镜子等；

（2）选用配件：妇洗器或淋浴间、浴缸扶手、梳妆架、浴帘、衣帽钩、电源插座、烘干器、清洁箱、电话、紧急呼唤器等。

金属配件不应暴露在整体卫浴间内，如必须设置则需要用玻璃胶密封。直接与水接触的木器也要做防水处理，防止水浸入破坏构件。构件和配件的结构形式应该方便日常维护、保养和更换。整体卫浴间内设置的电器及线路严禁与水接触，应通过绝缘管铺设，电源开关应有独立回路，所有裸露的金属管线要设置有对外连接的 PE 管线。

整体卫浴间应方便日常的清理和维护，且地面应不易积水。

12.1.3　整体卫浴间尺寸

整体卫浴尺寸一般按 100 的模数取值。水平长边方向一般取 900～3000mm，水平短边方向一般取 800～2400mm，高度方向一般取 2100～2300mm，具体如表 12-1 所示。

整体卫浴间尺寸　　　　　　　　　　　　　　　　　　　表 12-1

方向		尺寸（mm）
水平	长边	900，1200，1300，1400，1500，1600，1700，1800，2000，2100，2400，2700，3000
	短边	800，900，1000，1100，1200，1300，1400，1500，1600，1700，1800，2000，2100，2400
垂直	高度	2100，2200，2300

注：除规定的尺寸系列外，其他类型、尺寸可以根据供需双方要求商定。

便溺、盥洗、淋浴（或盆浴）类型的面积不应小于 $2.5m^2$。

整体卫浴的尺寸组合，可根据室内空间的大小和个人的喜好灵活选择。常用尺寸组合见表 12-1。

12.1.4　整体卫浴间的外形尺寸及安装尺寸

（1）整体卫浴间类型的外形尺寸与净尺寸（如图 12-1）之差符合下列规定[106]：

1）水平方向为 $X_1+X_2=80\sim100$mm；$Y_1+Y_2=80\sim100$mm；

2）垂直方向为 $Z_1+Z_2\leqslant500$mm。

（2）安装尺寸与外形尺寸之差（a_1+a_2，b_1+b_2）允许为 20～40mm（图 12-1）。

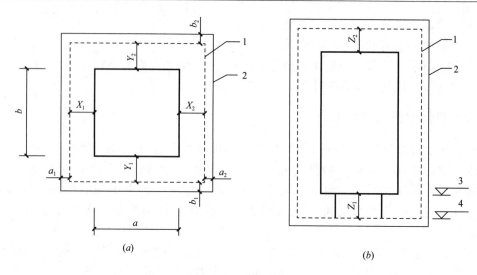

图 12-1　整体卫浴间

（a）平面图；（b）剖面图

注：1—卫浴间外形尺寸线；2—卫浴间安装尺寸线；3—卫浴间地面标高；4—卫生间地面标高；

a—长度净尺寸；b—宽度净尺寸。

a_1、a_2—长度方向外形尺寸与安装尺寸之差；b_1、b_2—宽度方向外形尺寸与安装尺寸之差；

X_1、X_2—长度方向外形尺寸与净尺寸之差；Y_1、Y_2—宽度方向外形尺寸与净尺寸之差；

Z_1、Z_2—高度方向外形尺寸与净尺寸之差。

12.1.5　整体卫浴与地面、墙面位置关系

整体卫浴与地面、墙面位置关系需满足如下要求：

（1）底部支撑尺寸 h（图 12-2）不大于 200mm。

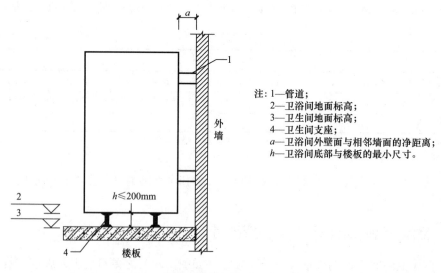

注：1—管道；
2—卫浴间地面标高；
3—卫生间地面标高；
4—卫生间支座；
a—卫浴间外壁面与相邻墙面的净距离；
h—卫浴间底部与楼板的最小尺寸。

图 12-2　整体卫浴间与地面、墙面位置关系

（2）整体卫浴间后壁板与相邻墙面之间的距离要保证管线的安置和施工，净距离 a（图 12-2）由设计确定（一般 100mm≤a≤200mm）。

（3）整体卫生间地面标高低于同层地面标高时，则下沉高度不大于 200mm（使用不多）。

（4）整体卫浴间地面标高与室内地面高度之差必须大于 200mm。

12.1.6　整体厨房设计规定

整体厨房在设计过程中应满足如下规定：

（1）厨房设计中应该合理组织具体操作方法，操作台可以选择 L 型或 U 型。

（2）厨房应有相应配件，如洗涤盆、操作台、排油烟机等设施，并留有厨房用于管线和电器设备的相关位置和接口。厨房洗涤池应考虑水龙头不影响外窗开启。

（3）设置厨房吊柜时，要考虑到厨房的通风和采光，吊柜不应影响厨房通风和采光。吊柜内不要设置可以调节高度的隔板。要在厨房的门下设置用于通风的百叶窗。

（4）厨房地面要选择防滑并容易清洁的材料进行铺设，主体结构的内外墙面也应选用具有一定防火、抗热并易清洁的材料。

12.1.7　整体厨房最小尺寸要求

为了满足日常的使用需求，整体厨房的长度和宽度皆不可以设计的太小，具体尺寸如表 12-2 所示。

<table>
<tr><td colspan="3">整体厨房最小尺寸</td><td>表 12-2</td></tr>
<tr><td>布置形式</td><td>长度最小净尺寸（mm）</td><td colspan="2">宽度最小净尺寸（mm）</td></tr>
<tr><td>Ⅰ型（单排型）</td><td>2700</td><td colspan="2">1500</td></tr>
<tr><td>Ⅱ型（双排型）</td><td>2700</td><td colspan="2">2100</td></tr>
<tr><td>L 型</td><td>2100</td><td colspan="2">1500</td></tr>
<tr><td>U 型</td><td>2700</td><td colspan="2">1800</td></tr>
<tr><td>壁柜型</td><td>2100</td><td colspan="2">700</td></tr>
</table>

厨房布置型式中多采用使用方便的Ⅰ型（单排型）和 L 型布置。

厨房操作台净长不应小于 2100mm。

如果选择双向布置的整体橱柜，则至少要保证各家具之间的净距为 800mm。

12.2　整体厨卫的施工安装

12.2.1　普通整体卫浴施工安装

整体卫浴间的构件组成形式如图 12-3 所示，由顶板、左右壁板、前后壁板、防水底盘、板结合扣压条、板结合密封压条等组成。板件均采用 SMC，SMC 板的性能如下[107]：

（1）SMC 是具有热固化性能的材料，主要是由高分子聚合物加入柔性纤维组成的片状模塑料，但热固硬度是塑料的 6 倍，强度高达 $60kg/cm^2$。

（2）SMC 材料是高温高压成型材质，所以质地紧密，可以阻断卫生间内外冷热交换，且机械强度高，不惧怕磨损，经久耐用。

（3）SMC 的主体材料是大分子聚合物，所以它不会像金属那样，如铁、铝等容易发生电化反应，这样就可以免除电化学腐蚀，从而大大提高了环境适应性。

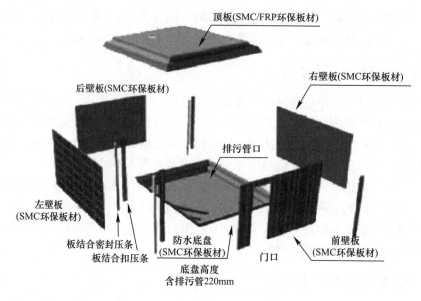

图 12-3　整体卫浴的结构形式

（4）SMC 板耐酸碱性能强。在强酸碱溶液中放置 1h 后，表面的硬度仍大于巴氏硬度 35，已经完全超过了国家相应标准的要求[108]。

整体卫浴的安装工艺流程可以分为：弹线套方、标高测定，防水底盘安装，地漏、排污口安装，墙面板拼装，顶板安装，边缝处理，洗面台、防水镜、灯具、坐便、五金安装，清理现场，整体报验[109]。

在进行安装前认真学习产品组装说明书，熟悉组装流程，打开进场包装进行进场检验，根据装箱清单清点相关组件是否齐全。安装时应首先弹标高和位置线：根据施工图纸弹出本层标高 1.0m 控制线及整体卫生间定位十字线。然后根据卫生间内上下水管、标高，由管井内引出支管，安装好支座，做好预留接口，并进行封堵。在钢筋混凝土楼板上把底盘固定住，并用微调螺栓调平底盘（图 12-4）。标高应准确，误差≤±1mm。底盘四角水平，相对高差≤±1.5mm。

壁板的安装过程，直接决定着整体卫浴的美观程度及外挂配件的安装质量，是整体卫浴施工中最重要的组成部分之一。具体安装过程及要求：

（1）先在底盘上安装有给排水管线和螺栓的后壁板，将接缝处用卡子打紧，并在各板缝处用密封胶嵌实。

（2）安装后壁板。马桶、盥洗台、水箱等卫浴部品，给排水管线，通过螺栓固定在后壁板上（图 12-5），并将上水口和下水口接好。

（3）安装其余三块壁板。壁板与壁板连接多通过连接件来完成（图 12-6），端部通过自攻螺钉固定（图 12-7）。

（4）最后安装顶板，先在顶板安装好排风扇，如果在顶板安装有走顶线路，也要先进行穿线。然后把顶板放置在壁板上，定位调平后，用自攻螺钉固定。随后安装门口、门扇，用螺丝紧固。

（5）前壁板与门板接缝平顺，无高差。各板件接缝应严密、顺直。

（6）在板缝处粘贴压条，压条要粘实。

图 12-4　底盘调平

图 12-5　螺栓连接

图 12-6　壁板的拼装

图 12-7　自攻螺钉连接

（7）各部位的连接卡具和螺钉要上全、上紧。

卫浴间拼接完成后，在内部板缝内部，用密封胶进行填缝密封，底盘不需要再考虑防水。

最后按图摆放卫生洁具，连接各管道接口，并用密封胶对管道接口进行密封。水暖各管接口严密，不得有跑、冒、漏现象。为便于成品保护，坐便器可最后安装。

12.2.2　整体厨房施工安装

整体厨房的施工安装可以分为：地柜安装、吊柜安装、台面安装、五金安装、灶具安装、木门调整六个部分。具体过程：

（1）地柜安装。安装整体橱柜一般至少需要两名安装工人。安装前的准备工作是为保证在地面的水平测量的结果准确。应彻底清扫施工的室内地面，安装橱柜时首先要保证其与室内地面一样水平，否则其柜门之间的间隙将无法消除，严重影响着施工质量，安装效果将大打折扣，安装工人需要使用水准尺对墙面和地面进行测量然后调整整体橱柜。无论是 L 型还是 U 型地柜，安装前都要先找好基准点，然后再进行定位。L 型地柜应该从直角顶点处开始向两侧延伸进行装配，如果从中间向两边则顶点处可能最后会出现缝隙无法调整。U 型柜也是从中间开始码放，为避免出现间隙，先安装一字型柜体然后对柜体的两个直角边向侧向码放。在完成地柜的安装后，由于地柜的支座是几个可以调节水平高低的小调节腿，可用其对地柜水平调平。地柜之间的连接也十分重要，单个地柜安装结束后为确保各个地柜之间的连接紧密性与整体稳定性，对至少四个地柜相互之间进行连接。

（2）吊柜安装。地柜安装结束后紧接着就要开始安装吊柜，为了保证其各个部分在安装过程中皆在同一水平线上，且对接完整平直，首先要根据使用要求，找准基准点进行弹线，然后根据弹线一次排开安装吊柜，水平线与台面之间的距离一般保持为 650mm，但是可以根据个人的不同使用习惯，如身高、臂展等自身情况进行适当的调整，向工长提出地柜与吊柜之间距离的调整，以方便日后使用。安装吊柜结束后同样需对各个部分进行紧固连接，并保证连接牢固，安装排布紧密。吊柜安装紧固完成后也要进行调平，根据水平弹线对吊柜进行适当调整，必须保证吊柜定位准确水平，这将直接影响其他配件的安装位置与整体厨房的美观效果。

（3）台面安装。为了减小误差，台面一般在整体橱柜的地柜与吊柜安装一定时间后再进行台面的安装，这样可以更方便施工人员对在安装过程中出现的不可避免的台面误差进行适当的调整，确保了安装数据的准确无误。现在使用最多的台面多数为天然石材台面或者人工大理石台面，进行切割加工后，再通过有机玻璃胶将其整体拼接在一起，拼接时一定要注意用胶量、打胶时间以及打磨的程度，因为这直接影响着使用台面的美观程度。台面的粘接应采用专业胶水进行粘接，为确保粘接强度的最大化发挥，在夏季施工时需静置半小时，冬季施工时需静置一个小时左右。为了保证台面接缝的美观，安装结束后工人要使用打磨机，对台面四边棱角进行打磨、抛光。

（4）五金安装。在进行地柜、吊柜和台面的安装时，要防止施工中产生的木屑掉入拉篮轨道中，可以选择用合适的物品遮盖住拉篮，安装结束后再取下遮盖物，以免影响日后使用。五金安装是整体橱柜安装中的重要环节，因为其与下水安装问题紧密相关，如水盆的安装。下水安装时要由专业施工人员进行现场开孔作业，按照安装规范和图纸进行准确定位并开孔，并且孔径的大小要比管道直径大 4mm 左右，以方便安装穿管，在打孔完成后为确保木材边缘因渗水发生膨胀变形应对开孔部位进行密封，最大程度减少对橱柜使用寿命的影响。为了防止渗漏，洗涤盆和下水口的接口处应设置成软管，且软管与洗涤盆排水口的连接处应使用密封条或者使用有机玻璃胶进行密封固定，防止漏水。如果整体厨房的排水系统出现渗漏现象，一般都是接口处出现的问题，如洗涤盆与排水软管的连接，排水管与主排水管道之间的连接，还有可能是管线自身的质量问题。

（5）灶具电器。灶具作为整体厨房中的特殊设备，安装方法应采用嵌入式，只需在现场开电源孔，来保证电源的连接，无需设备安装。电源孔不可开的过小，开洞过小可能会影响日后的清理和拆装。抽油烟机作为整体厨房灶具的核心部分，在安装过程中既要保证其使用效果又要考虑吸烟效果，确保抽油烟机与灶台之间有合适距离，切不可将抽油烟机安装的过高，否则会影响使用效果。抽油烟机要与灶具左右对齐，高低则可以根据实际情况进行调整。灶具安装时，最需要注意的就是气源的连接，安装时一定要保证连接紧密无漏气，由于燃气泄漏后果严重，所以气源安装一般需要有天然气公司所委派的专业人员在场，如果有装修工人来完成安装，最后也要经过天然气公司派人进行检测其气密性。

（6）木门调整。柜门安装的好坏直接影响着整体橱柜的使用效果。在整体厨房的地柜吊柜及相关部分安装完成后，要对各柜门进行调整，确保柜门与前壁板之间的间隙较小并达到横平竖直。一般的吊柜和地柜的进深都有一定的要求，根据需要地柜进深一般为550mm，吊柜一般为300mm，也可以根据实用需求在与施工人员进行协商后作出适当调整。在柜门也调整完毕后，为保证业主厨房空间的整洁，施工人员在离场前要及时对安装过程中产生的垃圾进行清理。

12.3　整体厨卫安装质量验收

12.3.1　整体厨房安装质量验收

整体厨房的质量验收对象主要包括：柜体、门板、抽屉、五金、台面五个部分。具体相关要求如下：

（1）柜体。橱柜的柜体一定要做到顶板与底部都水平，且两侧也要垂直，洞口两侧的高度差不应小于5mm。做柜体时需要为设置轨道预留出合适尺寸，保证部件的拼装，折叠门的上下轨道尺寸约为8cm，推拉门的上下轨道尺寸约为10cm。一字型厨房的地柜水平和竖直都要保持整齐，箱体板必须要无前后不齐。L型和U型厨房的各个地柜水平方向要做到共面，垂直方向保持整齐[110]。安装时要保证柜体的连接侧板与需要连接的顶板、底板相互垂直。吊柜与地柜的要求标准基本相同，吊柜与地柜都要严格保持水平。吊柜和地柜的柜体开孔都要规则、美观，与其他障碍物的间距不得小于10mm。

（2）门板。门板之间的缝隙应均匀，且小于2mm；多门板之间应上下左右都准确对齐，整齐划一，缝隙均匀，柜体前后距离规范；门板应开关顺畅自如、无异响；屉面、装饰门板与其他门板在同一平面开合自由、复合部分调整划一；L型橱柜和U型橱柜拐角处应无咬合现象。

（3）抽屉。抽屉如果做成三扇且是推拉开的，应该注意避免两处门相交；如果推拉门做成两扇的，抽屉要放置于推拉门体一侧，以方便日常使用；如果抽屉是折叠门则抽屉的侧壁要留有17cm的空隙。安装结束后要拉开抽屉20mm左右，如果抽屉在拉出后能够自动关闭，则说明滑道接触严密，抽屉的承重能力良好。

（4）五金。开关阀门要与洗涤盆连接紧密、牢固，配件应准确无误，并安装到位。水槽柜的门板与地柜的转角装饰用的板件之间至少要保证大约3mm的间隙。水槽与台面开口的接触处，应尽量做到结合紧密无缝隙，固定时必须使用多个连接卡进行连接，接触处的玻璃胶应该打在洗涤盆下面，以免影响美观效果。橱柜内设的垃圾筒应推拉自由。安装时也要保证内部装饰品的功能得到正常发挥。用手触摸时五金部件连接处要无缝隙感，且要保证在超1米处不可看到拼接安装的痕迹。

（5）台面。应保证台面的平整度误差在3mm以内，翘曲度误差在2.5mm以内，测量方法采用三定测量法。在台面的安装过程中，对于墙面不平整而引起的离墙间隙，应做弥补处理，4mm以内的间隙采用玻璃胶弥补，4~10mm的间隙用台面材料弥补，应达到弥补后手触无间隙感。对于灶台开孔，应做圆角处理以保证开孔的平整性和光滑性，对于水槽孔和灶台孔应做加固处理。

12.3.2　普通整体卫浴安装质量验收

整体卫浴在我国尚处于发展初期，无严格标准。质量验收，主要从使用功能、美观度、使用安全等方面考虑[111]。整体卫浴安装质量要求及测量方法如表 12-3 所示。

普通整体卫浴安装质量验收标准　　　　　　　　　　表 12-3

项目	质量要求	检查方法及工具
一、检查附件是否齐全	按装箱单及合同要求	观察
二、检查零部件是否存在质量问题	1. 顶板、壁板：内表面应光滑且无裂纹、无气泡，颜色均匀；外表没有毛刺等缺陷，切割面应无分层、毛刺；螺栓孔开孔位置准确，确保装配时定位顺利，且表面无开裂、破损等情况，保证连接牢固稳定 2. 金属件外观应符合下列规定：表面和边缘加工精细，无毛刺、划痕、锈蚀、气泡等明显不足；电镀部分应保证电镀均匀，无明显缺陷；喷漆部分无锈蚀、脱落、起皱等明显缺损 3. 其他各部件外观无明显缺陷，无异味	在光照度 60LX 现场离物品 600mm 的地方用肉眼观察、用直尺测量
三、防水盘安装	1. 检查防水盘水平尺寸；尺寸偏差不高于±5mm	用直尺测量
	2. 地漏与防水盘结合面不得出现错位、紧固不到位现象，涂胶要均匀，量要合理	观察
	3. 污水法兰同防水盘的粘结处完全密封	
	4. 防水盘要调整水平	水平仪测量
	5. 离地高度：不高于250mm	直尺测量
四、壁板组装	1. 现场壁板切割按尺寸加工，切割平直	直尺测量
	2. 加强板粘贴牢固	
	3. 壁板接合处平整；螺栓是否紧固；加强管是否安装牢固	观察
	4. 安装螺栓数目及位置正确	
五、顶板组装	1. 壁板拼接应牢固	
	2. 加强管是否安装牢固	观察
	3. 安装螺钉数目及位置正确	
六、组装壁板、门、顶板	1. 壁板与防水盘对接缝应平直	直尺测量
	2. 壁板与壁板之间的角缝均匀	观察
七、安装内部零部件	1. 各零部件按照图纸要求安装到位	观察和对照设计图纸检查
	2. 洗面台安装牢固可靠	
	3. 浴缸与防水盘配合良好	
	4. 坐便器与防水盘安装牢固可靠	
	5. 打胶应均匀	
八、接电检查	1. 打开开关灯亮，无漏电现象	观察
	2. 其他电器通电后可正常使用（按其技术要求）	通电实验
	3. 电源插座通电	测电笔测量是否漏电
	4. 换气扇通电后排气，噪声不高于50dB	通电实验
九、洁具连接检查	1. 抽水流畅，冲水后不渗漏	通排水试验
	2. 浴缸（淋浴盘）上、下水流畅无渗漏	
	3. 洗面台下水流畅无渗漏	

项目	质量要求	检查方法及工具
十、连接部位密封性	1. 壁板与壁板、壁板与顶板、壁板与防水底盘连接应无渗漏现象	闭水试验
	2. 门与门框上下左右无明显差异	多次开关
十一、配管检漏	给水管、排水管无渗漏现象	通排水试验
十二、洁具连接检漏	盥洗台、马桶、花洒等接口牢固，无渗漏现象	通排水试验
十三、挠度	1. 顶板≤6mm	
	2. 壁板≤5mm	直尺或水准尺
	3. 防水底盘≤3mm	
十四、冷热水管检查	1. 冷热水接法正确，左转热水右转冷水	打开水龙头试验冷热水
	2. 冷热水管道的位置是左冷右热	
十五、支撑架和管卡检查	支承件和管卡的安装位置准确和牢固	直尺和观察

12.3.3　新型钢结构整体卫浴安装质量验收

新型钢结构整体卫浴属于全新产品，无严格质量验收标准。质量验收，主要从使用功能、美观度、使用安全等方面综合考虑，并参照整体卫浴和钢结构的有关质量要求。现新型钢结构整体卫浴安装质量标准及测量方法，如表 12-4 所示。

新型钢结构整体卫浴安装质量验收标准　　　　　　　　表 12-4

项目	质量要求	检查方法及工具
一、构件进场检查	1. 品种、规格、性能等应符合产品标准和设计要求	观察
	2. 钢材的表面划痕等缺陷深度不得大于该钢材厚度负允许偏差值的 1/2	直尺量测
二、构件加工检查	1. 螺栓孔直径允许偏差+0.18mm	游标卡尺测量
	2. 钢材切割面或剪切面应无裂纹、夹潭、分层和大于 0.5mm 的缺棱	用放大镜观察
	3. 零件宽度、长度偏差不得大于±1.5mm，两端平面的平面度偏差不得大于±0.5mm	直尺测量
三、螺栓连接检查	1. 螺栓规格尺寸应与构件螺栓孔相匹配，间距、边距等应符合设计要求	直尺测量
	2. 角钢与节点板、支座、主体结构应紧固密贴，排列整齐	用小锤敲击并观察
四、预埋件、支座安装检查	1. 预埋件、支座接触面的水平度偏差不得大于 $a(b)/1000$mm，a 为水平短边，b 为水平长边	水准仪测量
	2. 标高偏差不得大于±0.4mm	
五、单支角钢柱垂直度	单支角钢柱的垂直度偏差不得大于 $h/1000$mm，h 为高度	拉线和直尺测量
六、结构顶部整体平面弯曲	钢结构整体卫浴的顶部整体平面弯曲偏差不得大于 $a(b)/1500$mm，a 为水平短边，b 为水平长边	水准仪测量
七、结构整体垂直度	钢结构整体卫浴的整体垂直度偏差不得大于 $(h/2500+2.0)$mm，h 为高度	拉线和钢尺实测
八、防腐涂装检查	涂装遍数、涂层厚度均应符合设计要求，构件表面不应误涂、漏涂，涂层不应脱皮和返锈等，涂层应均匀、无明显皱皮、流坠、针眼和气泡等	观察
九、防火涂装检查	防火涂料不应有误涂、漏涂，涂层闭合全无脱层、空鼓、明显凹陷、粉化松散和浮浆等外观缺陷，涂层表面裂纹宽度不应大于 0.5mm	观察

12.4 整体厨卫给水排水管道的施工安装

12.4.1 管材选择

整体厨卫的给水排水管道主要采用性能和品质优良的 PVC 管材。PVC 管材具有如下特点：

（1）PVC 管材的表面坚硬并有优良的抗拉表现，安装安全系数高。由于 PVC 的成分是聚氯乙烯，其化学性质稳定，抗老化能力强，化学性质稳定，使用年限通常可超过 50 年。且材料的氧指数高，属于不容易燃烧的材质，是一种良好的带有自熄性的理想管材，应成为管线安装的首选。

（2）PVC 管线抗酸、碱、盐的性能优良，完全满足厨卫的实用要求，可用于任何废水的排放和输送。在整体厨卫中使用 PVC 管材，完全可以保证在整体厨卫的使用年限内不用更换。

（3）PVC 管道内壁表面光滑，水流过时摩擦阻力小，水流通畅，除特殊情况不会堵塞，也便于保养。连接处多采用粘接方法，施工简单，效率可以得到保证。

（4）管道线膨胀系数小，受温度影响变形量小。PVC 管件有很好的隔热性能，因为其导热系数远小于金属材料，其弹性模量也小，所以与传统铁水管相比表现出更好的抗冻性能。

12.4.2 材料验收和贮运

厨卫设备及洁具等配件在进场施工安装前都要进行仔细严格地检查，产品质量必须达到国际或相关部门的标准及技术要求，并有产品出厂合格证明、生产厂商的名称以及产品的规格和批号。主要管线应选择硬质聚氯乙烯材质的 PVC 管材，也可以根据实际的使用需要适当的配置软管。所选用的有机胶水应属于同一厂家配套供应，这样可以保持与被粘接部品有充足的连接力，胶水要有生产厂家的实用说明书和生产合格证。

在进行实际装配前，首先要进行材料的检查，主要是外观检查及与接头配合公差，并彻底清除管件内外表面的杂物。其中外观的检查包括管材和管件的颜色是否一致，色泽是否均匀，是否有丝扣不全的现象，内外壁的光滑平整度，如痕纹、凹陷等。

管材端口要确保平滑整洁且与径向轴线垂直，垂直偏差应小于 1‰。管道螺纹如果有断丝或者缺丝的，其缺损的数目不应小于总数的 10%；且管件的厚度应大于管壁的厚度。不得在塑料管及管件上直接套丝。管道系统安装过程中，应防止壁板和构件上的油漆、玻璃胶等有机污染物与 PVC 管材、管件接触。管道安装于敞口处，可随时进行封堵，以免进入杂物形成堵塞。

管材的安放问题，首先按规格进行分类捆扎，特殊类型管须分项按编号排放，每扎重量应小于 50kg，水平堆放于平整垫上；支座的间距宽度应大于 75mm，并严格小于 100mm，搬运过程中应小心轻拿轻放，禁止与尖锐物品发生碰触；存放场所不能露天且应远离 1m 范围内的热源，库房温度应小于 40℃；管材堆放高度应小于 1.5m，外悬端小于 0.5m。

12.4.3　管道安装

　　整体卫浴管道安装原则上亦属于同层排水，并应为隐蔽工程。排水原则与传统卫浴的管道安排原则一样，只是管线的布置更集中，无结构降板，管线通过支座完全安装在地面标高之上，也更方便施工。盥洗台的盥洗废水和地漏处的淋浴废水通过排水口，流入排水管主管道，马桶处的污水单独通过排污管道由排污口流入排污主管道。防水底盘下部管道位置关系如图 12-8 所示。

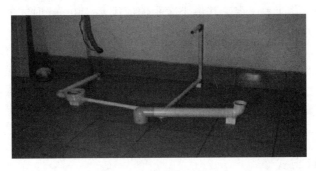

图 12-8　管道位置关系

　　厨卫中使用的设备间距至少要保证 150mm 的水平距离，且要将热水管布置在左面，冷水管布置在右面。设备用管的选材要依供水系统而定，如果选择冷热水分水器供水时，应采用半柔性连接管材。厨卫设备所采用的各类阀门安装位置应正确平整，管道连接件应易于拆卸、维修。排水管道应考虑与橡胶垫片和排水栓的连接问题。对于一些分质供水系统的管道的安装与固定方法须符合规范要求，如太阳能或空气源热泵等热水系统。在住宅的成品房内装中，如果有用户需要改变原有的管道布置方式，要严格按照规范进行改变。

　　在整体厨房管线的安装过程中，在建筑主体结构如混凝土楼板、梁、墙等上面预留孔、洞、槽以及预埋件等是不可避免的行为，这应有专人对标高尺寸进行测定。空洞的直径与管外径之间的间隙不可大于 30mm，对于预制墙板楼板开洞行为须发生在抹灰前，如有对混凝土板中钢筋剔除的要求时，必须预先征得有关部门的同意。对于套管的设置，一般要求穿楼板套管应选择金属材料，穿屋面板套管应该采用塑料套管。厨房及卫浴间的套管应超出地面50mm 高，无须强制矫正。当房间为管道煤气型房间时，套管必须用填料做严密处理。

　　PVC 管件距离上部管壁的进孔高度至少要保证 140mm，其中横管在铺设时要有坡向的排水设置，坡度值不易过大也不易过小，一般应取值在 2‰ 与 5‰ 之间。带螺纹的塑料管件要时刻保证丝扣处的清洁，以免发生乱扣现象，影响接口强度。接口螺栓拧紧之后还应保留有 2～3 扣螺纹。当需要将塑料管和金属配件之间进行连接时，应采用生胶带密封。管道系统的平直允许的差值应符合表 12-5 中的规定要求。

管道允许偏差　　　　　　　　　　　　　　　　　　表 12-5

项目	允许偏差（mm）		检验方法
水平管道纵、横方向弯曲	每 1m	每 1.5	直尺、拉线和水准尺检查
	全长（25m 以上）	不大于 38	
立管垂直度	每 1m	3	
	全长（5m 以上）	不大于 15	

给排水管道多数采用明设，但当管道安装的场所容易发生碰撞时，应该对其采取保护措施，或者采用暗设方式设置管道。对于穿过套管的管道须对预留孔的大小、尺寸及位置进行复核。对于在管架上敷设的管道应在安装前预先设置管架与管卡。明设管道与阀门的连接问题应采用加固措施来保证其位置正确性、安装的牢固性和连接处的无渗漏性。另外为了防止管道在安装或者施工过程中被划坏或者划伤，应考虑在金属管卡与管道下表面的接触处设置橡胶垫片。PVC 管道的立管与水平管之间的最大支撑间距见表 12-6 的规定，在转弯处 150mm（室内为 225mm）必须设支吊架。PVC 管（置于内侧）与其他金属管道之间的并行间距即使设计无规定，其最小净距值应满足 140mm 时才能实现对管道的保护作用。管道与管件的定位设计及安装施工产生的误差不应大于 ±5mm。

支撑间距   表 12-6

管外径	32	40	50	63	75	90	110	125	160
水平管	650	800	950	1100	1200	1350	1500	1650	1800
立管	1200	1400	1600	1800	2000	2200	2400	—	—

12.4.4　PVC 接口方式

PVC 给排水管材的接口处置方法主要有法兰连接口处理方法、胶水粘接口处理方法和橡胶圈连接接口处理方法三种。法兰连接口方式主要用于管径较大的 PVC 主管线的接口处理问题，其采用的连接方式为在被连接的管道一端先与 PVC-U 法兰连接好，然后通过螺栓紧固件与传统管道进行连接。

厨卫管线多是口径比较小的管线，组装时多选择施工方便且简单的胶水粘接方式，橡胶圈接口方式次之。橡胶接口方法是一种机械的处理方式，使用自动扩口机将管材的一端加压扩成带有较深凹道的承口，并加置加紧螺盖和比较柔软的橡胶密封，将管材的另一端插入到配置好密封圈的承口中，拧紧螺盖以完成连接。橡胶接口连接方式多用于公称外径大约等于 63mm 的管道。

胶水粘接口处理方法是将用作承口管材的一端进行开扩，另一只管材不做扩口用作接口，然后分别在乘口内壁和接口外壁涂抹胶水，将两只管件进行粘接的方法。继而通过承插完成管口的连接，属于依靠化学粘结力连接的处理方式。对于公称外径在 20～200mm 之间的管道可采用胶水粘结的方式。由于粘接与机械紧固相比，施工简单、速度快、省时省力、价格便宜、接口规整且美观，所以胶水粘接方式是厨卫管线连接时选用最多的接口处理方式。

12.4.5　配管与粘接

切管工具宜用割刀、细齿锯或者专业的切管机具。管口切割时，无论是开始下刀时，还是最后分离断管，都应时刻保证断口平整，切割平面完全垂直于管的主轴线。并应该保证断口的平滑度，切口形状应为倒角，角度一般为 10°～15°最合适，长度应为 2.5～3mm，如果有毛刺和毛边产生应该及时去掉。预留端的厚度宜为壁厚的 1/3。进行配管时，应严格检验插承管的接口，检验时可以通过试插的方法为试插承插口，如果插口的插入深度在自然状态下为承插深度的 1/2～1/3 为最合适，并做出标记，具体要求如表 12-7 所示。

管材插入承口最小深度 表 12-7

管材公称外径	20	25	32	40	50	63	75	90	110	125	140	160
管端插入承口深度	16	18	22	26	31	37	43	51	61	68	76	86

管道粘接场所应选择一个通风良好、阳光直射又不能够发生撞击的场所，粘接时必须要远离明火，最好选择在空气较干燥的环境中进行，这样可以最大限度地保证施工质量和粘接节点的连接强度。尽量选择尼龙材质或者鬃毛材质的刷子，且涂抹胶水时需要注意如下事项：在涂抹胶水前，应先用棉纱或者比较干的棉布将承合插口处的粘接面擦拭干净，且保证干布不应有油污，粘接的表面处严禁有油污、水垢和尘埃等杂物，如果存在则须用清洁剂擦拭干净；粘接时，应均匀适量地将胶水涂抹在乘口外内侧和插口外侧，且应按着由内向外的顺序轴向；在涂抹胶水后，应迅速进行插接，逗留时间不可以超过 20s，以免胶水凝固影响粘接强度。如果在粘接操作的过程中不慎中断从而致使胶水干涸，必须要及时将涂抹的胶水清除干净，然后再重新打胶涂抹粘接。进行插管时，要对准轴线，并迅速将插口轻轻地插入到乘口中，不可用力过猛以免冲乱胶水层，影响粘接效果。插管时也要严格按照插入深度的要求进行插管：插管管口一定超过标记，以确保承插接口的直度和足够的连接长度和强调以及位置的正确性。插管过程中要结合使用紧线器和手动方法，共同将接管插入承口中。粘接完成后应即刻将多余的胶水或有接头基础的粘接剂擦拭干净。粘接后应该给予接口充足的固化时间，不可马上就对结合部位进行加载。粘接固化时间根据管径的不同和季节的不同要有所调整：管径在 63mm 以下，约需要 30s，管径在 63～160mm 之间，约需要 60s。如果冬季进行施工时，凝固时间至少应为 2～3min。

12.4.6　通排水试验

管线安装粘接结束后，给水管线要进行通排水试验，试验时要检查水流量和水压是否满足使用要求，查看接口处有无渗漏现象，检查排水管线排水是否畅通，检查排水横管的排水坡度设置是否满足要求。如发现渗漏现象，应将接口拆除，清理后重新涂胶粘接，如管件出现破损，应进行更换。最后要做好试验记录，并交有关方保管。

12.5　整体厨卫洁具施工安装

12.5.1　卫浴间盥洗台和厨房洗涤盆施工和质量要求

1. 施工要求

（1）盥洗台甩口处的连接卡件要易于拆卸，便于更换，且不可发生渗漏，甩口与排水管接口处不得留有空隙。排水管道采用的橡胶垫片应用排水栓。盥洗台与金属固定件的连接表面应安置铅质或橡胶垫片，不得采用水泥砂浆窝嵌。

（2）盥洗台与洗涤盆近排水口部位，均应采用防水密封处理。

（3）盥洗台和洗涤盆的排水甩口距离室内地面的高度不得小于 50cm，给水甩口距室内地面的高度不得小于 55cm。

（4）盥洗台等陶瓷制品应符合行业标准 GB/T 6952 的规定，盥洗台和洗涤盆也可采用玻片状模塑料或人造大理石材质，但都应符合有关标准的要求。

2. 质量要求

（1）洗涤盆的规格、材质、设计定位及与管线接口的位置关系要精确无误。安装前要检查洗涤盆的外观，要求表面洁净且无坏损。

（2）洗涤盆周围与厨房台面板之间的接触应严密，并保持洗涤盆固定牢固，使用无晃动。

（3）给水和排水管道要通畅，排水阀门要关闭灵活，水龙头开关灵活，且接口处无渗漏。

（4）给水配件安装平整牢固。

12.5.2 浴缸施工和质量要求

1. 施工要求

（1）浴缸及其配件安装定位、施工方法要符合相关设计标准。

（2）浴缸与底板或者壁板在采用金属连接件进行安装固定时，要保证安装牢固，金属的连接件要做防腐处理。

（3）在排水口一侧安装冷热进水口要尽量设置在中间，且与浴缸排水口要保持一定的高度。

（4）排污口要接入排水管，连接牢固并密封。

（5）浴缸与壁板结合部应进行防水密封处理。有装饰面的浴缸应设置检修口。

2. 质量要求

（1）浴缸的规格、材质、设计定位及与管线接口的位置关系要精确无误。安装前要检查浴缸的外观，要求表面洁净且无坏损。

（2）浴缸的连接应该无漏水现象，密封严密，水管阀门应开启容易。

（3）浴缸使用的管线要有一定的抗压刚度，除了一些出厂配件外不应使用软管。浴缸的排水口和排水管都要使用硬管，不得使用塑料软管，防止排水时被吸瘪，造成堵塞。浴缸的排水管口与排水管道接口、浴缸的给水管口与给水管管线接口等连接处要无渗漏。

（4）浴缸给排水配件要连接牢固，给水管线不得有弯扁等变形现象。

（5）浴缸应配有侧面挡板，如施工条件允许应与整体卫浴进行连接固定。

（6）如果选择 FRP 浴缸或者丙烯酸材质的浴缸应符合 JC/T 858 的规定，如果采用纤维增强塑料高聚物浴缸应符合 JC/T 779 的规定，如果选择传统的陶瓷浴缸则应符合 QB/T 3564 的规定。

12.5.3 坐便器的施工和质量要求

1. 施工要求

（1）安装定位、施工方法要符合设计标准。

（2）要有牢固可靠的固定措施，和金属连接件有直接接触时中间要放置橡胶垫片。

（3）坐便器与地面的接触面是防水关键环节，要仔细进行密封和防水处理。

（4）进水管线的连接节点要严密且无渗漏，金属角阀不可有锈蚀。

（5）排污口要接入排水管，连接牢固并密封。

2. 质量要求

（1）坐便器的规格、材质、设计定位及与管线接口的位置关系要精确无误。安装前要检查坐便器的外观，要求表面洁净且无坏损。

（2）坐便器应进行集成后整体安装，且连接牢固，冲水顺畅。

（3）坐便器的给排水配件要安装连接牢固，并与墙面和地面保持足够的距离。

（4）坐便器使用的管线要有一定的抗压刚度，除了一些出厂配件外不应使用软管。坐便器的排水口和排水管都要使用硬管，不得使用塑料软管，防止排水时被吸瘪，造成堵塞。坐便器的排水管口与排水管道接口、坐便器的给水管口与给水管管线接口等连接处要无渗漏。

12.6　成品保护及安全注意事项

整体厨卫主体部分、管线部分、洁具部分在施工安装结束后要注意进行成品保护，保证交付后正常使用。整体厨卫的施工安装，虽然不会发生威胁到生命安全的重大事故，但也有一些安全问题需要注意。注意事项：

（1）胶粘剂及清洁剂等化学用品用完后要及时盖上防止氧化。粘接施工时现场要保证没有明火，工人要谨记决不可吸烟，并保持通风顺畅。粘接时施工人员要注意自我防护，如必须戴防护手套、穿着长衫长裤并戴口罩，防止皮肤和眼睛与胶水接触，如不慎将胶水溅入眼睛，要及时用水清洗，如果严重要及时就医。有机胶水固化时会散发出对呼吸道有严重刺激的气味，所以粘接施工结束后要开窗通风。加强对工人安全教育，加强安全巡视检查，排除安全消防隐患。用电设备绝缘良好并经常检查，避免漏电事故。包装纸及易燃物品及时收集清理，杜绝火灾隐患。

（2）壁板（框架）打胶时贴美纹胶带纸保护，避免打胶时污染壁板。卫生间整体安装完成后用硬纸板将卫浴间门、地面、墙面覆盖保护。内部五金件用包装泡沫纸加以保护。在安装完毕验收前，不允许其他人员进入，因施工须进入房间时，要办理好交接手续，确保产品完好无损。及时清理现场的安装垃圾，做到完工即清场。如果事先做好的管件出现了断裂或者弯曲，应注意管件在使用前的日常堆放管理，且要做好防晒。

（3）管件接口处的涂胶要保证美观，不应在接口处残留胶水，如果发现胶水溢出要尽早清除。管件的接口处构造要保持干净美观，如果粘接时有胶水溢出应及时除掉。粘接的接口一般都是管线的薄弱部位，容易发生渗漏，所以粘接时涂胶不单单要保证接口美观，还要保证承口和套口表面涂胶均匀。地平线未找准可能导致地漏安装过高或者过低。立管穿地板处是渗漏多发位置，一定要认真仔细地做好防水处理。

第13章 结 论

13.1 轻钢龙骨吊顶

本书对钢结构轻钢龙骨吊顶进行力学性能分析，开展轻钢龙骨的挠度试验研究，开展对轻钢龙骨加固吊顶标准化、模数化、施工标准和验收标准的研究，提出加固吊顶施工工艺标准和验收标准。得出以下结论：

（1）轻钢龙骨吊顶在正常使用的情况下，主龙骨和副龙骨皆处于弹性阶段。在增加跨度和荷载情况下，现有轻钢龙骨吊顶吊件和挂件容易使吊顶主龙骨在受荷情况下发生弯扭失稳，而副龙骨只发生纯弯曲破坏，提出加固吊件和加固挂件，能够提高主龙骨的抗弯扭能力。

（2）轻钢龙骨吊顶的挠度分析，计算出吊顶用轻钢龙骨吊顶主龙骨和副龙骨不同荷载和不同跨度下的挠度值。统计挠度与跨度的比值，得出挠度限值，对工程实践具有重要的指导作用。

（3）借鉴日本吊顶加固形式，由原来的焊接形式变为螺栓链接形式，提高了构件的重复利用性以及施工效率。对新型加固吊顶和普通吊顶进行有限元对比分析，得出在相同荷载、边界条件、材料属性和吊杆长度（1.5m）情况下，加固吊顶能够提高吊顶整体的抗侧向力学性能。

（4）钢结构建筑加固吊顶模数化标准化有利于缩短准备工期，提高在施工过程中吊顶质量的管理和控制，为用户提出合理化的建议，缩短吊顶材料的准备时间。借鉴建筑模数协调标准，提出吊顶的模数，有利于吊顶定位的规范化。在轻钢龙骨吊顶施工工艺规范中加入加固形式，有利于提高吊顶系统的力学性能。

13.2 架空地板系统

通过对冷弯帽型钢横梁及方钢横梁进行试验研究以及有限元分析，主要得出以下结论：

（1）在正常使用范围内，4个试件的变形过程大体相似，其外观变形均不明显，随着荷载的增加，试件均有微小的局部变形，方钢横梁抗弯刚度优势体现的并不明显；对冷弯帽型钢横梁而言，抗弯刚度与翼缘宽度和壁厚密切相关，从各个横梁的变形程度及荷载-位移曲线可以发现，增大横梁的壁厚对冷弯帽型钢横梁抗弯刚度的提高程度更大，即壁厚较大的试件抗弯刚度优势体现得更为显著。

（2）有限元分析得到了冷弯帽型钢横梁和方钢横梁试件受弯情况下的荷载-位移曲线，试件的应力分布规律，试件受弯状态下的受力机理。横梁的极限承载力与翼缘宽度和壁厚密切相关，通过各个横梁弹塑性破坏模态及荷载-位移曲线可以发现，改变横梁的壁厚对极限承载力的提高优势体现得更为显著；跨中参考点的荷载-位移曲线可划分为三个阶段：弹性阶段、弹塑性阶段、塑性阶段。第一阶段：当荷载达到极限荷载以前，曲线近似于直线；第二阶段：直线的斜率有所增大，荷载增长加快，最高点为荷载-位移曲线的峰值点，此承载力即为极限承载力；第三阶段：当荷载达到极限承载力之后，进入平衡状态，试件不能承担继续增加的荷载，曲线开始表现出下降的趋势，且此时试件变形增加迅速。

（3）本书对实施建筑装修体系的可操作性进行科学分析，研究架空地板系统的设计定位方法、施工安装技术、构造要求等标准化方面内容，并在模数化设计方面提出建议。模数化设计可以提高施工效率、节约建筑材料和减少建筑垃圾，是建筑设计标准化、施工机械化、装配化、构件生产工厂化的必由之路。通过模数协调得出最优的部件搭配形式。

13.3　整体卫浴

本书根据装配式钢结构的发展需求以及整体卫浴的设计理念和使用需求，提出了两种专供钢结构建筑使用的新型钢结构整体卫浴结构方案。研究新型钢结构整体卫浴的结构形式、节点连接形式，包括自身安装连接和与主体结构的连接，并用有限元模拟软件模拟整体卫浴在地震力作用下结构及构件的力学性能，得出以下结论：

（1）两种新型钢结构整体卫浴在外荷载作用下都表现出了优良的力学性能，完全满足使用要求。

（2）分析模拟后分别归纳给出两种新型钢结构整体卫浴标准化的连接及构件尺寸和数量。

（3）分析中忽略了 SMC 板对整体结构刚度和强度的增强，而事实证明在整体钢框架和支撑的约束下，保证了 SMC 的平面内稳定，板、框协同作用产生了蒙皮效应。使 SMC 板在平面内具有很大的抗拉和抗压强度，尤其是与支撑进行连接的侧壁板和后壁板。因此可以断定，新型整体卫浴将具有比分析结论更大的强度和抗变形能力。

（4）新型整体卫浴是一种新型的附属设备，在抗震设计和抗震构造措施中并没有严格的规范可循。但其作为附属设备，除了具有自身的结构和连接特点外，还具有与其他的建筑设备、非结构构件同样的要求。所以新型整体卫浴的结构和构件及其各个连接节点的抗震设计要求和抗震构造措施，完全可以参照和借鉴其他非结构构件和附属设备，并根据建筑设防要求、使用需求、建筑结构的外形特征如高度、附属设备在建筑内部的设置部位和工作环境要求等综合全面考虑确定。

（5）整体厨房在装饰装修工程中和整体卫浴占有同样的地位，本书最后一章不仅总结了整体卫浴的定位施工方法，也总结了整体厨房的一些定位安装方法，以供设计和施工参考。

参 考 文 献

[1] 宋德萱. 节能建筑设计与技术 [M]. 上海：同济大学出版社，2003.

[2] 王丽娟. 集成吊顶在家居空间中的应用分析 [J]. 艺术科技，2014，06：292-296.

[3] 朱达黄. 住宅产业化背景下的全装修 [J]. 创意设计源，2009，01：74-77.

[4] 董睿. 易学空间观与中国传统建筑 [D]. 济南：山东大学，2012.

[5] 胡啸，缪小平，孔亮. 架空地板送风系统技术探讨 [J]. 建筑节能，2007，35 (5)：17-21.

[6] 董昆，曹旭明，胡伟. 地板送风房间内流、场温度场及负荷特性的研究 [J]. 建筑科学，2011，27 (12)：87-90.

[7] 夏仁宝，夏经纬，施观兴. 底层住宅地面简易防潮实例 [J]. 浙江建筑，2013，30 (12)：51-52.

[8] 王瑞年，袁达志，邓跃. 全钢防静电网络地板施工技术 [J]. 天津建设科技，2014，24 (1)：12-13.

[9] 郭娟利. 整体卫生间的工业化产品设计方法研究 [J]. 天津大学建筑学院，2010，13 (8)：41-43.

[10] Sun Jingjiang. Lateral load pattern in Pushover analysis [J]. Earthquake Engineering And Engineering Vibration，2003，2 (1)：99-107.

[11] 卫生间两间洁具布置，建筑设计资料集编委会. 建筑设计资料集 [M]. 中国建筑工业出版社，2009，37 (3)：52-54.

[12] FANG Su-fan. The Development of the Whole Bathroom in Housing Construction [J]. Housing Materials and Application，2003 (5)：38-39.

[13] 王长贵. 体育馆大面积铝扣板吊顶施工工艺 [J]. 安徽建筑，2001，05：32-33.

[14] 杨华. 轻钢龙骨矿棉板吊顶施工 [J]. 包钢科技，2006，32 (02)：70-72.

[15] 曹建. 硅酸钙板吊顶裂缝通病治理 [J]. 福建建设科技，2006，05：69-70.

[16] 彭越文. 浅谈轻钢龙骨纸面石膏板吊顶的施工技术 [J]. 山西建筑，2006，13：135-136.

[17] 史杰. 铝合金格栅吊顶的施工方法 [J]. 山西建筑，2010，36 (19)：134-135.

[18] 欧阳可立. 浅谈轻钢龙骨纸面石膏板吊顶施工工艺 [J]. 科技资讯，2011，12：104.

[19] 苏晓爽. 装饰施工中轻钢龙骨石膏板吊顶的质量控制 [J]. 中华建设，2013，02：140-141.

[20] 张中善. 石材铝蜂窝复合板吊顶施工技术 [J]. 施工技术，2014，43 (4)：72-74.

[21] 李海洋. 轻钢龙骨双层纸面石膏板吊顶施工要点浅析 [J]. 河南建材，2014，04：164-165＋168.

[22] 王艳红. 超高空间轻钢龙骨吊顶的施工 [J]. 山西建筑，2013，39 (24)：103-104.

[23] Clark W D，Glogau O A. SUSPENDED CEILINGS：THE SEISMIC HAZARD AND DAMAGE PROBLEM AND SOME PRACTICAL SOLUTIONS [J]. Bulletin of the New Zealand National Society for Earthquake Engineering，1979，12 (4)：292-304.

[24] Badillo-Almaraz Hiram，Whittaker Andrew S，Reinhorn Andrei M. Seismic fragility of suspended ceiling systems [J]. Earthquake Spectra，2007，23 (1)：21-40.

[25] Kawaguchi Ken'ichi，Yoshinaka Susumu，Otsuka Aya，Katayama Shin'Ichiro. Comparison of damage to nonstructural components (suspended ceilings) in large enclosures by Niigata-Chuet-

su and Chuetsu-Oki earthquakes [J]. AIJ Journal of Technology and Design, 2008, 14 (27): 73-78.

[26] Gilani Amir S J, Reinhorn Andrei M, Glasgow Bob, Lavan Oren, Miyamoto H Kit. Earthquake simulator testing and seismic evaluation of suspended ceilings [J]. Journal of Architectural Engineering, 2010, 16 (2): 63-73.

[27] Gilani Amir S J, Takhirov Shakhzod. Current U. S. practice of seismic qualification of suspended ceilings by means of shake table tests [J]. Ingegneria Sismica, 2011, 2011 (1): 26-42.

[28] Kawaguchi Ken'ichi. Damage to non-structural components in large rooms by the Japan earthquake [C]. Structures Congress 2012-Proceedings of the 2012 Structures Congress, Chicago, IL, United states, 2012.

[29] Watakabe Morimasa, Iizuka Shinichi, Inai Shinsuke, Ishioka Taku, Takai Shigemitsu, Kanagawa Motoi. Development of seismically engineered suspended ceiling of large space structures subjected to earthquake excitation [J]. AIJ Journal of Technology and Design, 2012, 18 (39): 465-470.

[30] Takeuchi Toru, Sugizaki Kenichi, Yasuda Koichi. Design of suspended glass ceiling structure in high seismic Hazard Zones [C]. 3rd Challenging Glass Conference on Architectural and Structural Applications of Glass, Delft, Netherlands, 2012.

[31] Magliulo Gennaro, Pentangelo Vincenzo, Maddaloni Giuseppe, Capozzi Vittorio, Petrone Crescenzo, Lopez Pauline, Talamonti Renato, Manfredi Gaetano. Shake table tests for seismic assessment of suspended continuous ceilings [J]. Bulletin of Earthquake Engineering, 2012, 10 (6): 1819-1832.

[32] Gilani Amir S J, Takhirov Shakhzod, Tedesco Lee. Seismic evaluation of suspended ceiling systems using static and dynamic procedures [C]. Structures Congress 2013: Bridging Your Passion with Your Profession, Pittsburgh, PA, United states, 2013.

[33] Futatsugi Shuya, Minewaki Shigeo, Okamoto Hajime, Takahashi Hiromu, Yamamoto Masato, Tomioka Hirokazu, Kamoshita Naoto, Aoi Atsushi. A study on falling down of suspended ceilings without seismic bracing [J]. AIJ Journal of Technology and Design, 2014, 20 (44): 149-152.

[34] 日本建築学会. JASS 26 建築工事標準仕様書 [S]. 日本: 技報堂, 2010.

[35] 高颖. 住宅产业化—住宅部品体系集成化技术及策略研究 [D]. 上海: 同济大学, 2006.

[36] 王立群. 架空地板铺设新概念 [J]. 上海建材, 2001 (1): 26-27.

[37] 麦岚, 何焰. 架空地板送风系统在办公楼中的应用 [J]. 制冷空调与电力机械, 2003, 24 (3): 32-34.

[38] 王静. 日本办公建筑架空地板系统 [J]. 室内设计与装修, 1999, 06.

[39] 谢芝馨. 工业化住宅的系统工程 [J]. 运筹与管理, 2002, 11 (6): 113-118.

[40] T. C. Hutchinson. Shake Table Testing and Numerical Simulation of Raised Access Floor-Computer Rack Systems in a Full-Scale Five-Story Building [J]. Bridges, 2012 (3): 1385-1396.

[41] Wang F, Chen G, Li D. The formation and operation of modular organization: A case study on Haier's "market-chain" reform [J]. Frontiers of Business Research in China, 2008, 2 (4): 621-654.

［42］ Mehdi Setareh. Structural serviceability：floor vibrations ［J］. Journal of Structural Engineering，1984，110 （2）：401-418.

［43］ Fredriksson P. Mechanisms and rationales for the coordination of a modular assembly system：the case of Volvo cars ［J］. International Journal of Operations & Production Management，2006，26 （4）：350-370.

［44］ Alashke. Progressive collapse resistance of steel-concrete composite floors ［J］. Journal of Structural Engineering，2010，136 （10）：1187-1196.

［45］ Frigant V，Talbot D. Technological determinism and modularity：lessons from a comparison between aircraft and auto industries in Europe ［J］. Industry and Innovation，2005，2 （3）：337-355.

［46］ 潘冬. 日本万协架空地板 ［J］. 工程建设标准化，2000，06.

［47］ 舒良成. RMG600 可调式架空地板技术 ［J］. 国外建材科技，2004，25 （1）：100-101.

［48］ 刘晗晨，肖文卿. 大面积全钢 OA 网络高架地板施工工艺与质量控制研究 ［J］. 广东建材，2011，27 （7）：148-151.

［49］ 姚荣华. 超低能耗建筑技术及应用 ［J］. 暖通空调，2005，35 （6）：69.

［50］ Mikkola J H，Gassmann O. Managing modularity of product architectures：toward an integrated theory ［J］. Engineering Management Transactions on，2003，50 （2）：204-218.

［51］ Chen，K. M.，Liu，R. J. Interface strategies in modular product innovation ［J］. Technovation，2005，25 （7）：771-782.

［52］ Shen Q，Liu G. Applications of value management in the construction industry in China ［J］. Engineering，Construction and Architectural Management，2004，11 （1）：9-19.

［53］ Karim，S. Modularity in organizational structure：the reconfiguration of internally developed and acquired business units ［J］. Strategic Management Journal，2006，27 （9）：799-823.

［54］ Langlois，R. N. Modularity in technology and organization ［J］. Journal of Economic Behavior & Organization，2002，49 （1）：19-37.

［55］ Karki K C，Patankar S V. Airflow distribution through perforated tiles in raised-floor data cente ［J］. Building and environment，2006，41 （6）：734-744.

［56］ Salvador，F. Toward a product system modularity construct：literature review and reconceptualization ［J］. Transactions on Engineering Management，2007，54 （2）：219-240.

［57］ Sanchez，R. Modular architecture in the marketing process ［J］. Journal of Marketing，1999：92-111.

［58］ Liu G，Shen Q. Value management in China：current state and future prospect ［J］. Management Decision，2005，43 （4）：603-610.

［59］ Schilling，M. A. Toward a general modular systems theory and its application to interfirm product modularity ［J］. Academy of Management，2000，25 （2）：312-334.

［60］ Schilling，M. A.，Steensma，H. K. The use of modular organizational forms：a industry-level analysis ［J］. Academy of Management Journal，2001，44 （6）：1149-1168.

［61］ Karki K C，Radmehr A，Patankar S V. Use of computational fluid dynamics for calculating flow rates through perforated tiles in raised-floor data centers ［J］. HVAC&R Research，2003，9 （2）：153-166.

［62］ Kang S，Schmidt R R，Kelkar K M，et al. A methodology for the design of perforated tiles in raised floor data centers using computational flow analysis ［J］. Components and Packaging

Technologies IEEE Transactions on，2001，24（2）：177-183.

[63] 程敏，余婕. 住宅全装修模式 [J]. 住宅科技，2003（4）：46-48.

[64] 刘合森，管锡珺. 整体卫浴的发展前景、优缺点及住宅建筑应用现存问题 [J]. 青岛理工大学学报，2014，35（4）：93-96.

[65] 陈云波. 我国钢结构现状与发展途径 [J]. 建筑技术，1997，7：477-479.

[66] CastiglioniCA. The Steel Construction Institute and The British Constructional Steelwork Association Limited. Joints in steel construction simpleconnections [M]. British：SCI /BCSA Connections Group，2002，31：150-155.

[67] 姜丽丽. 钢结构住宅体系的技术经济分析及产业化研究 [D]. 石家庄：河北工程大学，2013，34（3）：21-25.

[68] Daninhirsch, Hilary. Converting a Master Bathroom into a Guest Bathroom [J]. Kitchen and Bath Business，2014，3：40-43.

[69] 曹祎杰. 工业化内装卫浴核心解决方案 [J]. 建筑学报，2014，7：53-55.

[70] 王琐. 我国工业化住宅现状及发展前景 [D]. 广州：华南理工大学，2006，8：69-72.

[71] 卢俊凡. 装配式钢结构住宅体系的发展与应用 [J]. 城市住宅，2014，（8）：26-29.

[72] 沈国达，胡昱，冯葆蔚. 装饰装修一体化的建筑趋势 [J]. 中外建筑，2004，4：35-37.

[73] Johnson, Nathan. The Reece BIA open for 2014 entrants [J]. BPN，2014，16：45-48.

[74] 石运东. 轻型钢结构节点抗震性能试验研究 [D]. 上海：同济大学，2009，3：56-59.

[75] PeterFajfarand, Peter GasPersie. The Nz method for these is the damage Analysis of Rebuildings [J]. Earthquake engineering and structural dynamics，1996，8：31-46.

[76] 王玉镯，傅传国. ABAQUS 结构工程分析及实例详解 [M]. 北京：中国建筑工业出版社，2012.

[77] 张显明，胡建新. 截面有效抗弯刚度的影响因素分析 [J]. 华东交通大学学报，2010，27（5）：34-37.

[78] 庄苗，张帆，岑松. ABAQUS 非线性有限元分析与实例 [M]. 北京：科学出版社，2005.

[79] 方修君，金峰. 基于 ABAQUS 平台的扩展有限元法 [J]. 工程力学，2007，24（7）：6-10.

[80] 高卫庆，苏振民. 产业化住宅部品体系的集成化探析 [J]. 改革与战略，2008，24（10）：175-177.

[81] 李仕国，王烨. 中国建筑能耗现状及节能措施概述 [J]. 环境科学与管理，2008，33（2）：6-9.

[82] 金钰. 室内设计与装饰 [M]. 重庆：重庆大学出版社，2001.

[83] 周燕珉，邵玉石. 商品住宅厨卫空间设计 [M]. 北京：中国建筑工业出版社，2000.

[84] 刘思捷. 基于地板送风系统原理的送风系统与住宅建筑设计的集成研究 [D]. 武汉：华中科技大学硕士论文，2011.

[85] 姚荣华. 超低能耗建筑技术及应用 [J]. 暖通空调，2005，35（6）：69-69.

[86] 王丹妮. 架空通风地板节能热工设计研究 [D]. 重庆：重庆大学硕士论文，2008.

[87] 朱磊，杨勇，张治宇. 全装修房工程的发展及其质量管理 [J]. 上海建设科技，2006（6）：56-58.

[88] 张悦. 办公空间地板送风系统的应用研究 [D]. 上海：同济大学硕士论文，2006.

[89] 杨国荣，谭良才，方伟. 地板送风系统研究与应用 [J]. 制冷空调与电力机械，2007，28（5）：1-7.

[90] 陈公余. 架空地板下空间的通风与排水 [J]. 建筑工人，2000（11）：4-4.

[91] 高丕基. 住宅装修部件化体系试验研究 [J]. 北京建筑工程学院学报，2001，17（1）：54-58.

[92] 钢结构设计规范. GB 50017—2003 [S]. 2003.

[93] 王玉玺，傅传国. 结构工程分析及实例详解 [M]. 北京：中国建筑工业出版社，2013，2：32-35.

[94] 石亦平，周玉容. 有限元分析实例详解 [M]. 北京：机械工业出版社，2006，6：24-29.

[95] Wang W, Zhang Y Y, Chen Y Y, et al. Improving seismic performance of steel moment connections with noncompact beam web [C]. The 6th International Symposium on Steel Structures. Seoul, Korea：Korean Society of Steel Construction，2011：517-522.

[96] 吴勇. 全钢防屈曲支撑抗震性能的有限元分析 [D]. 哈尔滨工业大学，2008，9：56-59.

[97] BallioG, CastiglioniCA. Seismic behavior of steel sections [J]. Journal of Constructional Steel Research，1994，29 (1/2/3): 21-54.

[98] Vidic T, Fajfar P, Frschinger M. Consistent Inelastic Design Spectra：Strength and Displacement [J]. Earthquake Engineering and Structural Dynamics，1994，23：507-521.

[99] ABAQUS INC. ABAQUS Version 6.3 Documentation [M/CD]. Raw tucket Rhode Island, USA：ABAQUS INC，2003，12：113-115.

[100] GB 50011—2010. 建筑抗震设计规范 [S]. 2001.

[101] 叶燎原，潘文. 结构静力弹塑性分析（push—over）原理和计算实例 [J]. 建筑结构学报，2000，1：51-54.

[102] 杨溥，李英明，王亚勇，赖明. 结构静力弹塑性分析（push-over）方法的改进 [J]. 建筑结构学报，2000，1：62-64.

[103] 张建卓，高猛，李康康. 一种新型的机械式整体卫浴设计 [J]. 机械科学与技术，2012 (2)：256-259.

[104] 住宅整体厨房. JG/T 183—2011 [S]. 2011

[105] 住宅整体卫生间. JG/T 183—2011 [S]. 2011

[106] 住宅卫生间功能及尺寸系列. GB/T 11977—2008 [S]. 2008

[107] 张兵. 标准客房装配式卫生间安装工艺 [J]. 北京，北京市第一建筑工程公司，2009，8：56-59.

[108] 何少平，靳瑞东，张磊. 住宅厨房卫生间产品（设备）的设置及接口设计细则 [J]. 住宅科技，2002 (5)：124-127.

[109] GB/T 13095—2008. 整体浴室 [S]. 2008

[110] LI De-yu. Key points of Quality in Construction of the Whole Bathroom [J]. Science &.Technology Vision，2013，30 (4)：278-279.

[111] 王君. 浅谈建筑钢结构安装技术与质量控制要点 [J]. 世界家苑，2013 (1)：147-149.